人工智能科普系列

Fundamentals of ARTIFICIAL INTELLIGENCE ALGORITHM

人工智能算法基础

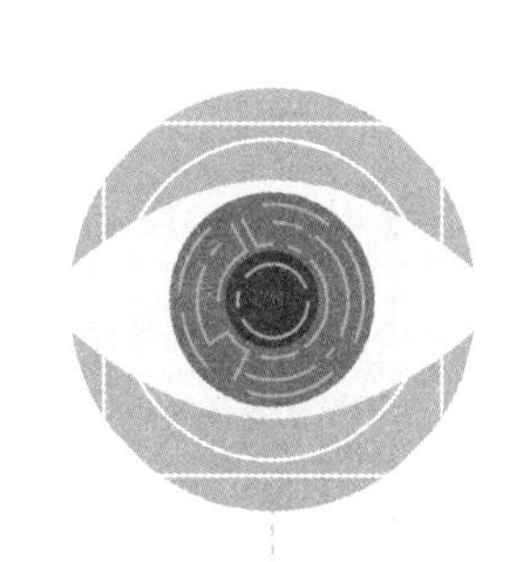

徐卫　庄浩　程之颖　赵力
编著

在人工智能时代下，本书将带领读者通过学习一些简单的计算机数据结构和相关算法，来提高使用编程语言的能力，从而探索更加广阔的编程世界。本书主要介绍了线性表、栈与队列、递归、搜索和排序、树、图等常用的数据结构和算法的概念和最基本的应用。本书引入了各种各样的生活知识来类比，并充分运用图形语言来体现抽象内容，对数据结构所涉及的一些经典算法逐行分析、多算法比较。本书有趣易读，算法讲解细致深刻，是一本非常适合算法入门的读物。

本书可作为青少年的自学参考书，也可作为中学生学习人工智能所应用的算法的参考教材。

图书在版编目（CIP）数据

人工智能算法基础 / 徐卫等编著 . —北京：机械工业出版社，2022.7
ISBN 978-7-111-71152-0

Ⅰ . ①人…　Ⅱ . ①徐…　Ⅲ . ①人工智能—算法　Ⅳ . ① TP18

中国版本图书馆 CIP 数据核字（2022）第 117596 号

机械工业出版社（北京市百万庄大街22号　邮政编码 100037）
策划编辑：李馨馨　责任编辑：李馨馨　秦　菲
责任校对：李　伟　责任印制：任维东
北京中兴印刷有限公司印刷
2022 年 8 月第 1 版第 1 次印刷
184mm × 240mm · 10 印张 · 164 千字
标准书号：ISBN 978-7-111-71152-0
定价：59.00 元

电话服务　　　　　　　　网络服务
客服电话：010-88361066　机　工　官　网：www.cmpbook.com
　　　　　010-88379833　机　工　官　博：weibo.com/cmp1952
　　　　　010-68326294　金　　书　　网：www.golden-book.com
封底无防伪标均为盗版　机工教育服务网：www.cmpedu.com

近年来，随着社会关注度的提升和神经网络关键算法的不断突破，人工智能领域的发展取得了长足的进步，各种AI产品的出现极大地丰富了人们的生活。与此同时，培养青少年对人工智能学科的兴趣、促进青少年对人工智能学科的学习也得到了教育界的认可。对于初学者而言，想要理解、掌握人工智能技术，良好的编程和算法基础是不可或缺的。“九层之台起于垒土”，只有打好基础，才能在以后的学习中如鱼得水。

那什么是算法呢？就让我们一起来揭开它神秘的面纱吧！

设计计算机最开始的目的，是为了解决一些复杂、工作量大的数值计算问题，计算机在最初是一个数值计算工具。而随着计算机的计算能力一步步提升，如今的计算机已经可以完成除了简单的数值计算外的很多复杂问题。在计算机解决问题时，应该先从具体问题中抽象出一个适当的数据模型，设计出一个解此数据模型的算法，然后再编写程序，得到一个实际的软件。就像解决数学应用题一样，首先要将现实问题转化为对应的数学问题，再采用相应的数学方法，来解决问题。而问题的转化和数学方法的设计，就涉及了数据结构和算法的概念。数据结构是以某种形式将数据组织在一起的集合，它不仅存储数据，还支持访问和处理数据的操作。算法是为求解一个问题需要遵循的被清楚指定的简单指令的集合。通过采用合理的数据结构和算法编写程序，就可以使计算机解决好一个实际问题。随着近年来面向对象编程思想的广泛应用，现今的编程工作对所采用的数据结构与算法的简洁性、高效性、安全性更加看重，如果说编程语言是剑客手上的剑，那数据结构和算法就是与之配套的剑法。不会剑法，有再好的剑，也发挥不出多少威力。

数据结构是计算机科学与技术专业、计算机信息管理与应用专业、电子信息等专业的基础课程，也是核心课程。所有的计算机系统软件和应用软件在开发过程中都要用到各种类型的数据结构。因此，要想运用计算机来解决实际问题，仅掌握计算机程序设计语言是难以应付复杂的课题的，要想有效地使用计算机、充分发挥计算机的性能，还必须学习和掌握好数据结构的有关知识。夯实“数据结构”这门课程的基础，对于学习计算机专业的其他课程，如操作系统、数据库管理系统、软件工程、编译原理、人工智能、图视学等都是十分有益的。

本书介绍了一些常用的、基础的数据结构和算法，引导读者理解计算机解决问题的方式，并使读者对计算机的工作原理有一个大体的认知，相信在学习了本书以后，读者可以使用计算机编程技术解决一些复杂的应用问题。

编　者

目录

第1章　初探数据结构

1.1　数据结构起源

计算机最初被视为是数值计算工具，随着计算机的计算能力一步步提升，如今的计算机已经可以完成除了简单的数值计算外的很多复杂问题。在计算机解决问题时，应该先从具体问题中抽象出一个适当的数据模型，设计出一个解此数据模型的算法，然后再编写程序，得到一个实际的软件。而问题的转化和数学方法的设计，就涉及了数据结构和算法的概念。

1968年，美国的高德纳（Donald F. Knuth）教授在其所写的《计算机程序设计艺术》第一卷《基本算法》中，较系统地阐述了数据的逻辑结构和存储结构及其操作，开创了数据结构的课程体系。同年，数据结构作为一门独立的课程，在计算机科学的学位课程中开始出现。

之后，70年代初，出现了大型程序，软件也开始相对独立，结构程序设计成为程序设计方法学的主要内容，人们越来越重视“数据结构”，认为程序设计的实质是对确定的问题选择一种好的结构，加上设计一种好的算法。

在今天，数据结构已经是计算机科学与技术专业、计算机信息管理与应用专业，电子信息等专业的核心课程，打好这门课的基础，对以后的计算机学科的相关学习非常重要。

1.2　数据结构相关基本概念和专业术语

说到数据结构是什么，我们得先来谈谈什么叫数据。正所谓“巧妇难为无米之炊”，再强大的计算机，也是要有数据才可以工作的。

1.2.1　数据

数据是描述客观事物的符号，是计算机中可以操作的对象，是能被计算机识别，并输入给计算机处理的符号集合。数据有很多类型，比如数字、文字，还包括声音、图像、视频等。而这些数据能为计算机所用，必须具备两个前提：①可以输入到计算机中；②能被计算机程序处理。

对于整型、实型等数据类型，可以进行数值计算（比如加减乘除）。

对于字符数据类型，就需要进行非数值的处理。而声音、图像、视频等类型的数据其实是可以通过编码的手段变成字符数据来处理的。

1.2.2 数据元素

数据元素是组成数据的、有一定意义的基本单位，在计算机中通常作为整体处理，也被称为记录。比如在一批描述花朵外形的数据中，单独一枝花的各项参数就是一个基本单位，也可以说是一条记录。

1.2.3 数据项

数据项：一个数据元素可以由若干个数据项组成。

比如人这样的数据元素，可以有眼、耳、鼻、嘴、手、脚这些数据项，也可以有姓名、年龄、性别、出生地址、联系电话等数据项，具体有哪些数据项，要由系统来决定。

数据项是数据不可分割的最小单位。在数据结构这门课程中，我们把数据项定义为最小单位，有助于更好地解决问题。但真正讨论问题时，数据元素才是数据结构中建立数据模型的着眼点。就像我们讨论一部电影时，是讨论这部电影角色这样的“数据元素”，而不是针对这个角色的姓名或者年龄这样的“数据项”去研究分析。

1.2.4 数据对象

数据对象：是性质相同的数据元素的集合，是数据的子集。

性质相同是指数据元素类型相同，比如，还是刚才的例子，人群是一个数据对象，每个个体的人都是性质相同的数据元素。

好了，有了这些概念的铺垫，我们的主角登场了。说了数据的定义，那么数据结构中的结构又是什么呢?

1.2.5　数据结构

结构，简单理解就是关系，比如分子结构，就是说组成分子的原子之间的排列方式。严格点说，结构是指各个组成部分相互搭配和排列的方式。在现实世界中，不同数据元素之间不是相互独立的，而是存在特定的关系，我们将这些关系称为结构。

那数据结构是什么呢？数据结构是相互之间存在一种或多种特定关系的数据元素的集合。在计算机中，数据元素并不是孤立、杂乱无序的，而是具有内在联系的数据集合。数据元素之间存在的一种或多种特定关系，就是数据的组织形式。

为编写出一个“好”的程序，必须分析待处理对象的特性及各处理对象之间存在的关系。这也就是研究数据结构的意义所在。

定义中提到了一种或多种特定关系，具体是什么样的关系，这正是我们下面要讨论的问题。

1.3　逻辑结构与物理结构

按照视角的不同，数据结构分为逻辑结构和物理结构。

1.3.1　逻辑结构

逻辑结构是指数据对象中数据元素之间的相互关系。其实这也是我们今后最需要关注的问题。逻辑结构分为以下四种。

1. 集合结构

集合结构：集合结构中的数据元素除了同属于一个集合外，它们之间没有其他结构上的关系，各个数据元素是“平等”的，它们的共同属性是“同属于一个集合”。数据结构中的集合关系就类似于数学中的集合（见图 1-1）。

2. 线性结构

线性结构：线性结构中的数据元素之间的关系呈线性，如图 1-2 所示。

3. 树形结构

树形结构：树形结构中的数据元素之间存在一种一对多的层次关系，如图 1-3 所示。

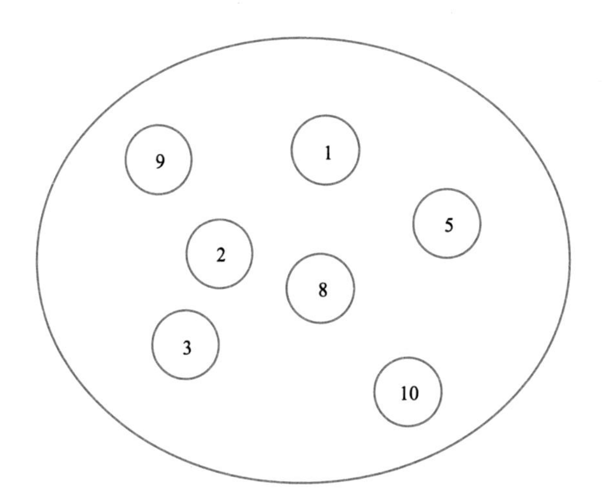

图 1-1　数据结构中的集合结构

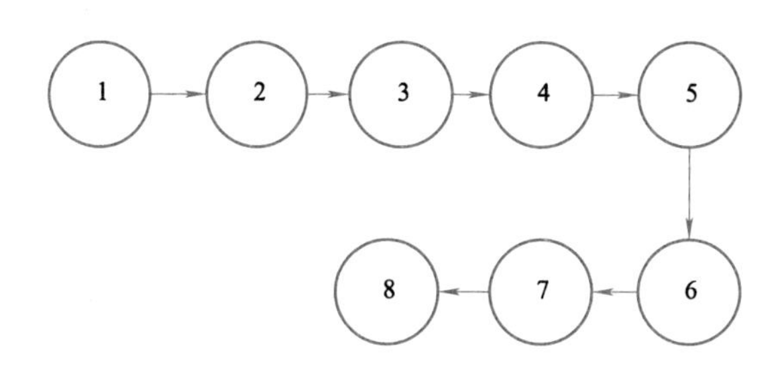

图 1-2　数据元素的线性结构

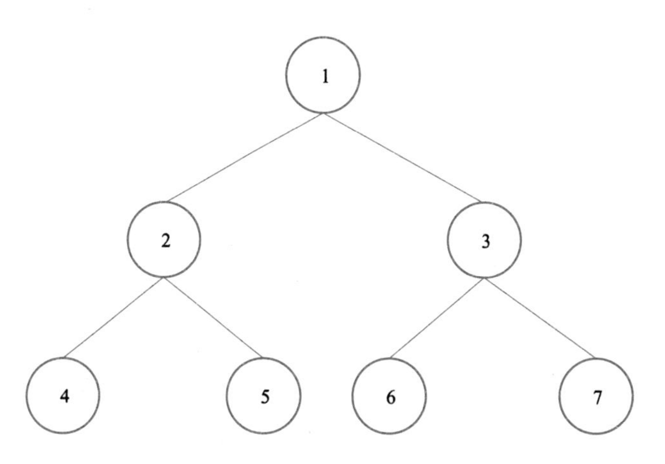

图 1-3　数据元素的树形结构

4. 图形结构

图形结构：图形结构的数据元素是多对多的关系。

1.3.2 物理结构

说完了逻辑结构，我们再来说说数据的物理结构（很多书中也将物理结构称作存储结构，这只是说法上的不同）。

物理结构：指数据的逻辑结构在计算机中的存储形式。

数据是数据元素的集合，实际应用中要将数据元素存储到计算机的存储器中，这个存储形式就是数据的物理结构。存储器主要是针对内存而言的，像硬盘、软盘、光盘等外部存储器通常用文件结构来称呼。

数据的存储结构应正确反映数据元素之间的逻辑关系，这才是最为关键的，数据元素的存储结构形式有两种：顺序存储和链式存储结构。

1. 顺序存储结构

顺序存储结构是把数据元素存放在地址连续的存储单元里，其数据间的逻辑关系和物理关系是一致的。

这种存储结构其实很简单，类似于圈地占位，每个人都按顺序排好，人人占一小段空间。在计算机编程中，数组就是这样的顺序存储结构。当输入新建数组的代码，建立一个有 9 个整型数据的数组时，计算机就在内存中找了片空地，按照一个整型数据所占位置的大小乘以 9，开辟一段连续的空间用于存放数据，于是第一个数组数据就放在第一个位置，第二个数据放在第二个，这样依次摆放。

2. 链式存储结构

如果数据存储就像顺序存储这么简单和有规律，一切就好办了。可实际上，就像排队一样，会有人插队，也会有人会放弃排队，这个队伍当中也会添加新成员，也有可能会去掉老元素，整个结构时刻都处于变化中。显然，面对这样时常要变化的结构，顺序存储是不方便的，因为每变动一次，都涉及烦琐的数据移动操作，相当于一片小区的住户因为一家人搬走，整个小区的人为了避免空缺，都要一起搬动移位。那这种时候怎么办呢？这里就要使用链式存储结构来应对这种数据变化大的处境了。

链式存储结构：是把数据元素存放在任意的存储单元里，这组存储单元可以是连续的，也可以是不连续的。数据元素的存储关系并不能反映其逻辑关系，因此需要用一个指针存放数据元素的地址，这样通过地址就可以找到相关联数据元素的位置，在数据改变顺序时，可以只更改指针的指向，而不用移动数据，大大减少计算机的工作量。

显然，链式存储就灵活多了，数据存在哪里不重要，只要有一个类似于路标的指针指向相应的地址就能找到它了。

逻辑结构是面向问题的，而物理结构就是面向计算机存储的，其基本的目标就是将数据及其逻辑关系存储到计算机的内存中。

1.4 参考题

1. 计算机中数据的定义是什么？
2. 数据是通过什么形式在计算机中进行组织的？

第 2 章　算法

2.1　数据结构与算法的关系

数据结构和算法是什么关系？为什么要把它放在一起讲？

程序是数据结构与算法的结合。数据是程序的中心。数据结构和算法两个概念间的逻辑关系贯穿了整个程序世界，首先二者表现为不可分割的关系。没有数据间的有机关系，程序根本无法设计。数据结构是底层，算法是上层。数据结构为算法提供服务。算法围绕数据结构操作。解决问题（算法）需要选择正确的数据结构，数据结构和算法二者缺一不可。

2.2　两种算法的比较

现在来写一个求 1+2+3+⋯+100 结果的程序，你应该怎么写呢？

你可能会写出这样的代码（见图 2-1）：

```
sum = 0
n = 101
for i in range(1, n):
    sum += i
print (sum)
```

图 2-1　加数算法

这是最简单的计算机程序之一，它就是一种算法，功能是将上述数字求和，这个算法可以解决求和这一问题，但这种算法的设计方式是不是真的足够好呢？它是不是最高效的方法呢？

此时，我们可以回想一下伟大数学家高斯的童年故事，感受一下，天才当年是如何展现天分和才华的。

据说 18 世纪生于德国小村庄的高斯，上小学的一天，课堂很乱，老师非常生气，后果自然也很严重。于是老师在放学时，就要求每个学生都计算 1+2+…+100 的结果，谁先算出来谁先回家。

天才当然不会被这样的问题难倒，高斯很快就得出了答案，是 5050。老师非常惊讶，因为他自己想必也是通过 1+2=3，3+3=6，6+4=10，…，4950+100=5050 这样算出来的，也算了很久很久。可眼前这个少年，为何可以这么快地得出结果?

老师怀疑以前别人让小高斯算过这道题。就问高斯："你是怎么算的？"高斯回答说："我不是按照 1, 2, 3 的次序一个一个往上加的。老师，你看，一头一尾的两个数的和都是一样的：1 加 100 是 101, 2 加 99 时 101, 3 加 98 也是 101……一前一后的数相加，一共有 50 个 101, 101 乘 50，得到 5050。

用程序来实现高斯的算法（见图 2–2）：

```
n= 100
sum = (1 + n)*n/2
print (sum)
```

图 2–2　高斯加数算法

神童就是神童，他用的方法相当于另一种求等差数列的算法，不仅可以用于 1 加到 100，就是加到一千、一万、一亿，也就是瞬间之事。但如果用刚才的程序，显然计算机要循环一千、一万、一亿次的加法运算。高斯的这种算法显然更加高效。

2.3　算法的定义

什么是算法呢？算法是描述解决问题的方法。算法（Algorithm）这个单词最早出现在波斯数学家阿勒·花剌子密在公元 825 年（相当于我们中国的东汉时期）所写的《印度数字算术》中。如今普遍认可的对算法的定义是：算法是解决特定问题求解步骤的描述，在计算机中表现为指令的有限序列，并且每条指令表示一个或多个操作。

从 2.2 节的例子可以看到，对于给定的问题是可以有多种算法来解决的。

现实世界中的问题千奇百怪，算法当然也就千变万化，没有通用的算法可以解决所有的问题。

算法定义中，提到了指令，指令能被人或机器等计算装置执行，它可以是计算机指令，也可以是我们平时的语言文字。为了解决某个或某类问题，需要把指令表示成一定的操作序列，操作序列包括一组操作，每一个操作都完成特定的功能，一系列的操作连续执行，这就是算法了。

2.4　算法的特性

算法具有五个基本特性：输入、输出、有穷性、确定性和可行性。

2.4.1　输入输出

输入和输出特性比较容易理解，算法具有零个或多个输入。尽管对于绝大多数算法来说，输入参数都是必要的，但对于个别情况，如打印“hello world！”这样的代码，不需要任何输入参数，因此算法的输入可以是零个。算法至少有一个或多个输出，输出的形式可以是打印输出，也可以是返回一个或多个值等。

2.4.2　有穷性

有穷性：算法在执行有限的步骤之后，应自动结束而不会出现无限循环，并且每一个步骤在可接受的时间内完成。现实中经常会写出死循环的代码，这就是不满足有穷性。当然这里有穷的概念并不是纯数学意义的，而是在实际应用当中合理的、可以接受的“有边界”。比如计算机的算力也是有限的，一个计算机需要执行几百万年的程序显然就不满足“有边界”这一条件。

2.4.3　确定性

确定性：算法的每一步骤都具有确定的含义，不会出现二义性。算法在一定条件下，只有一条执行路径，相同的输入只能有唯一的输出结果。算法的每个步骤被精确定义而无歧义。

2.4.4　可行性

可行性：算法的每一步都必须是可行的，也就是说，每一步都能够通过执行有限次数完成。可行性意味着算法可以转换为程序上机运行，并得到正确的结果。

2.5 算法设计的要求

刚才谈到了，对于同一问题，解决问题的算法不是唯一的。也就是说，同一个问题，可以有多种解决问题的算法。在不同的算法中寻找出一个最高效、最便捷的算法，是需要思考的重点。学习前人设计的优秀的算法，对解决问题很有帮助。那么什么才叫优秀的算法呢?

2.5.1 正确性

正确性：算法的正确性是指算法至少应该具有输入、输出，加工处理无歧义，能正确反映问题的需求，能够得到问题的正确答案。

但是算法的“正确”通常在用法上有很大的差别，大体分为以下四个层次。

1）算法程序没有语法错误。

2）算法程序对于合法的输入数据能够产生满足要求的输出结果。

3）算法程序对于非法的输入数据能够得出满足规格说明的结果。

4）算法程序对于精心选择的，甚至刁难的测试数据都有满足要求的输出结果。

对于这四层含义，层次 1 要求最低，但是仅仅没有语法错误实在谈不上是好算法。这就如同仅仅解决温饱，不能算是生活幸福一样。而层次 4 是最困难的，我们几乎不可能逐一验证所有的输入都得到正确的结果。

因此算法的正确性在大部分情况下都不可能用程序来证明，而是用数学方法证明的。证明一个复杂算法在所有层次上都是正确的，代价非常昂贵。所以一般情况下，我们把层次 3 作为一个算法是否正确的标准。

除此之外，好的算法还有什么特征呢?

2.5.2 可读性

可读性：算法设计的另一目的是为了便于阅读、理解和交流。

可读性高有助于人们理解算法，晦涩难懂的算法往往隐含错误，不易被发现，并且难于调试和修改。

我们写代码的目的，一方面是为了让计算机执行，另一方面是为了便于他人阅读，让人理解和交流，自己将来也可能阅读，如果可读性不好，时间长了自己都不知道写了些什么。可读性是算法（也包括实现它的代码）好坏很重要的标志。

2.5.3　健壮性

一个好的算法还应该能对输入数据不合法的情况做合适的处理。比如输入的时间或者距离不应该是负数等。

健壮性：当输入数据不合法时，算法也能做出相关处理，而不是产生异常或莫名其妙的结果。

2.5.4　时间效率和存储量

最后，好的算法还应该具备时间效率高和存储量低的特点。

时间效率指的是算法的执行时间，对于同一个问题，如果有多个算法能够解决，执行时间短的算法效率高，执行时间长的效率低。存储量需求指的是算法在执行过程中需要的最大存储空间，主要指算法程序运行时所占用的内存或外部硬盘存储空间。设计算法应该尽量满足时间效率高和存储量低的需求。在生活中，人们都希望花最少的钱，用最短的时间，办最大的事，算法也是一样的思想，最好用最少的存储空间，花最少的时间，办成同样的事。求 100 个人的高考平均分与求全省所有考生的平均分在占用时间和内存存储上是有非常大的差异的，我们自然是追求可以兼顾高效率和低存储量的算法来解决问题。

综上，好的算法，应该具有正确性、可读性、健壮性、时间效率高和低存储量的特征。

2.6　算法效率的度量方法

刚才我们提到设计算法要提高效率。这里效率大都指算法的执行时间。那么我们如何度量一个算法的执行时间呢？

正所谓“是骡子是马，拉出来遛遛”。比较容易想到的方法就是，我们通过对算法的数据测试，利用计算机的计时功能，来计算不同算法的效率是高还是低。

2.6.1　事后统计方法

事后统计方法：这种方法主要是通过设计好的测试程序和数据，利用计算机计时器对不同算法编制的程序的运行时间进行比较，从而确定算法效率的高低。

但这种方法显然是有很大缺陷的。

必须依据算法事先编制好程序，这通常需要花费大量的时间和精力。如果编制出来发现它根本就是很糟糕的算法，不是“竹篮打水一场空”吗？

算法运行时间的比较，依赖计算机硬件和软件等环境因素，而由环境因素造成的运行时间上的差异有时会掩盖算法本身的优劣。要知道，现在一台四核处理器的计算机，跟当年 286、386、486 等老爷爷辈的机器相比，在处理算法的运算速度上，是遥遥领先的，所以有时尽管四核处理器使用的算法很差，也可能比用老式计算机更快地完成计算；而所用的操作系统、编译器、运行框架等软件的不同，也可以影响它们的结果；就算是同一台机器，CPU 使用率和内存占用情况不一样，也会造成运行时间上的细微差异。

算法的测试数据设计困难，并且程序的运行时间往往还与测试数据的规模有很大关系，效率高的算法在小的测试数据面前往往得不到体现。比如 10 个数字的排序，不管用什么算法，差异几乎是零。而如果有一百万个随机数字排序，那不同算法的差异就非常大了。那么为了比较算法，到底用多少数据来测试，这是很难判断的问题。

由于基于事后统计方法有这样那样的缺陷，我们考虑不予采纳。

2.6.2 事前分析估算方法

我们的计算机前辈们，为了对算法的评判更科学，研究出了一种叫作事前分析估算的方法。

事前分析估算方法：在计算机程序编制前，依据统计方法对算法进行估算。

经过分析我们发现，一个用高级程序语言编写的程序在计算机上运行时所消耗的时间取决于下列因素。

1）算法采用的策略、方法。

2）编译产生的代码质量。

3）问题的输入规模。

4）机器执行指令的速度。

第 1 条当然是算法好坏的根本，第 2 条要由软件来支持，第 4 条要看硬件性能。也就是说，抛开这些与计算机硬件、软件有关的因素，一个程序的运行时间，依赖于算法的好坏和问题的输入规模。所谓问题输入规模是指输入量的多少。

我们来看一个例子（见图 2-3）：

```
n = 100                          #执行 1 次
x = 0                            #执行 1 次
for i in range(1, n):
    for j in range(1, n):
        x += 1                   #执行 nxn 次
print (x)                        #执行 1 次
```

图 2-3 加数算法

这个例子中，i 从 1 到 100，每次都要让 j 循环 100 次，x++ 计算了循环的次数，所以这个算法当中，循环部分的代码整体需要执行 $n \times n$（忽略循环体头尾的开销）次。显然这个算法的执行次数对于同样的输入规模 n=100，要多于前面两种算法，这个算法的执行时间随着 n 的增加也将远远多于前面两个。

此时会看到，测定运行时间最可靠的方法就是计算对运行时间有消耗的基本操作的执行次数。运行时间与这个计数成正比。

我们不关心编写程序所用的程序设计语言是什么，也不关心这些程序将跑在什么样的计算机中，我们只关心它所实现的算法。这样，不计那些循环索引的递增和循环终止条件、变量声明、打印结果等操作，最终，在分析程序的运行时间时，最重要的是把程序看成是独立于程序设计语言的算法或一系列步骤。

2.7 参考题

1. 计算机中的算法是什么，有什么作用，算法和数据结构有什么样的关系？
2. 算法的特性有哪些？
3. 算法的设计要求有哪些？
4. 评价算法好坏的方法有哪些？

第 3 章　线性表

3.1　线性表的定义

线性表（List）：零个或多个数据元素的有限序列。

这里需要强调几个关键的地方。

首先它是一个序列。也就是说，元素之间是有顺序的，若元素存在多个，则第一个元素无前驱，最后一个元素无后继，其他每个元素都有且只有一个前驱和后继。

然后，线性表强调是有限的，元素个数当然也是有限的。事实上，在计算机中处理的对象都是有限的，那种无限的数列，只存在于数学的概念中。

如果用数学语言来进行描述，定义如下。

若将线性表记为 ()，除了第一个和最后一个元素，每一个元素都只有一个前驱元素，一个后继元素。

所以线性表元素的个数 n（$n \geqslant 0$）定义为线性表的长度，当 $n=0$ 时，称为空表。

在非空表中的每个数据元素都有一个确定的位置，如 $a1$ 是第一个数据元素，an 是最后一个数据元素，ai 是第 i 个数据元素，称 i 为数据元素 a 在线性表中的位序。

现在举一些例子，请读者来判断一下它是否是线性表。

十二生肖年份列表，是不是线性表呢？当然是，生肖年份通常都是用鼠年打头，猪年收尾，当中的各个生肖年都有前驱和后继，而且一共也只有 12 个，所以它完全符合线性表的定义。

公司的组织架构，总经理管理几个总监，每个总监管理几个经理，每个经理都有各自的下属。这样的组织架构是不是线性关系呢？

不是，为什么不是呢？因为每一个元素，都有不止一个后继，所以它不是线性表。

班级同学之间的友谊关系，是不是线性关系？也不是，因为每个人都可以和多个同学建立友谊，不满足线性的定义。

3.2　线性表的顺序存储结构

3.2.1　两种存储结构

如图 3-1 所示，将数据依次存储在连续的整块物理空间中，这种存储结构称为顺序存储。结构数据分散地存储在物理空间中，通过一根线保存着它们之间的逻辑关系，这种存储结构称为链式存储结构。

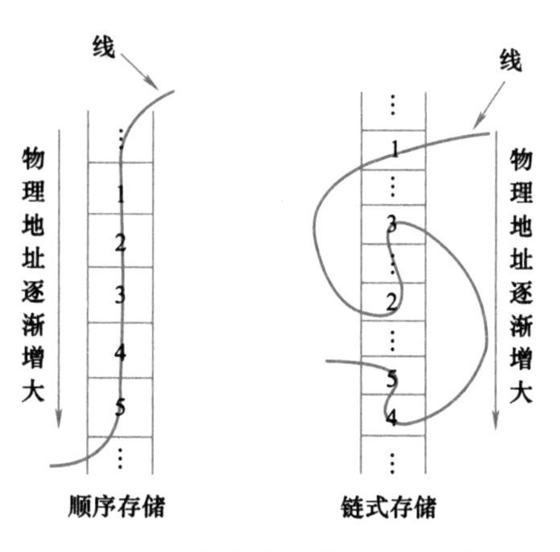

图 3-1　顺序存储与链式存储示意图

对应到程序中，我们看看两者的区别，如图 3-2 ～图 3-4 所示。

数组：

```
array = ["a","b","c","d","e"]
print (array[1])          #直接通过下标访问对应元素
```

图 3-2　数组代码

链表：

首先我们需要定义一个链表的类，如图 3-3 所示。

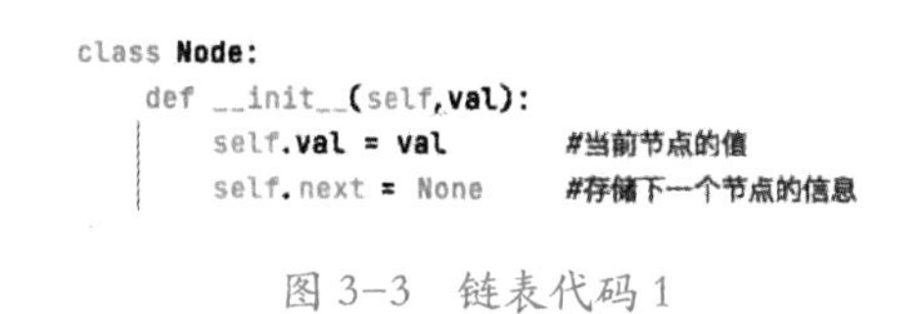

```
class Node:
    def __init__(self,val):
        self.val = val          #当前节点的值
        self.next = None        #存储下一个节点的信息
```

图 3-3　链表代码 1

实现一个链表，并且进行插入和读取操作，如图 3-4 所示。

```
head = Node("a")                    #head是第一个节点
head.next = Node("b")               #让head拥有下一个节点
head.next.next = Node("c")          #继续再插入一个节点
print (head.next.val)               #读取第二个节点的值
```

图 3-4 链表代码 2

顺序存储结构对应在编程语言中就是数组，数组中的元素按序存放，按着下标就可以快速找到对应元素。而链式存储结构，相应就不能通过下标直接查询，对应元素的地址和前后的元素息息相关。所以可以看出，数组的查询是非常便捷的，那链表的优势在哪呢？链表的优势在于删除和增加。在数组中插入一个元素，就要让所有在该元素后方的元素，都向后移动一个位置，而在链表中则只需要将新来的元素的位置告诉前一个和后一个元素就可以了。

3.2.2 顺序存储结构的地址计算方法

日常生活中的数字都是从 1 开始数的，可 Python 语言中的数组却是从 0 开始的，于是线性表的第 i 个元素是要存储在数组下标为 $i-1$ 的位置，即数据元素的序号和存放它的数组下标之间存在对应关系 a_n 对应 $n-1$。

用数组存储顺序表意味着要分配固定长度的数组空间，由于线位表中可以进行插入和删除操作，因此分配的数组空间要大于等于当前线性表的长度。

其实，内存中的地址就和图书馆或电影院里的座位一样，都是有编号的。存储器中的每个存储单元都有自己的编号，这个编号称为地址。当我们占座后，占座的第一个位置确定后，后面的位置都是可以计算的。试想一下，我是班级成绩第五名，我后面的 10 名同学的成绩名次自然也可以通过计算依次得到。每个数据元素，不管它的类型是整型、实型还是字符型，都需要占用一定的存储单元空间。

3.3 线性表的链式存储结构

3.3.1 顺序存储结构的不足的解决办法

前面所讲的线性表的顺序存储结构，在某些时候也是有局限的，最大的局限就是插入和删除时需要移动大量元素，这显然会耗费时间。

要解决这个问题，我们就得考虑一下导致这个问题的原因。

为什么当插入和删除时，就要移动大量元素呢？仔细分析后，发现原因就在于相邻两元素的存储位置也具有邻居关系。它们编号是 1, 2, 3, …, n，它们在内存中的位置也是挨着的，中间没有空隙，当然就无法快速介入，而删除后，当中就会留出空隙，自然需要弥补。问题就出在这里。

A 同学思路：让当中每个元素之间都留有一个空位置，这样要插入时，就不至于移动。可一个空位置如何解决多个相同位置插入数据的问题呢？所以这个想法显然不行。

B 同学思路：那就让当中每个元素之间都留足够多的位置，根据实际情况制定空隙大小，比如 10 个，这样插入时，就不需要移动了。万一 10 个空位用完了，再考虑移动使得每个位置之间都有 10 个空位置。如果删除，就直接删掉，把位置留空即可。这样似乎暂时解决了插入和删除的移动数据问题。可这对于超过 10 个同位置数据的插入，效率上还是存在问题。对于数据的遍历，也会因为空位置太多而造成判断时间上的浪费。而且显然这里空间复杂度还增加了，因为每个元素之间都有若干个空位置。

C 同学思路：我们反正也是要让相邻元素间留有足够余地，那干脆所有的元素都不要考虑相邻位置了，哪有空位就到哪里，而只是让每个元素知道它下一个元素的位置在哪里，这样，我们可以在遇到第一个元素时，就知道第二个元素的位置（内存地址），从而找到它；在第二个元素时，再找到第三个元素的位置（内存地址）。这样，所有的元素我们就都可以通过遍历而找到。

C 同学的思路就是本节要讲的链式存储结构。

3.3.2　线性表链式存储结构定义

线性表链式存储结构的特点是用一组任意的存储单元存储线性表的数据元素，这组存储单元可以是连续的，也可以是不连续的。这就意味着，这些数据元素可以存在内存未被占用的任意位置，如图 3-5 所示。

以前在顺序结构中，每个数据元素只需要存数据元素信息就可以了。现在链式结构中，除了要存数据元素信息外，还要存储它的后继元素的存储地址。

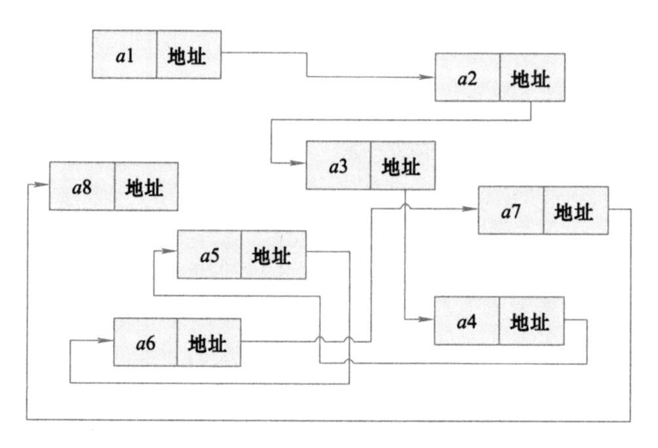

图 3-5　数据元素在内存中的存储

为了表示每个数据元素 a_i 与其直接后继数据元素 a_{i+1} 之间的逻辑关系，对数据元素 a_i 来说，除了存储其本身的信息之外，还需存储一个指示其直接后继的信息（即直接后继的存储位置）。

1）数据域：存储数据元素信息的域称为数据域。

2）指针域：存储直接后继位置的域称为指针域。

3）指针 / 链：指针域中存储的信息称作指针或链。

4）节点（Node）：数据域与指针域（见图 3-6）这两部分信息组成数据元素 a_i 的存储映像，称为节点。

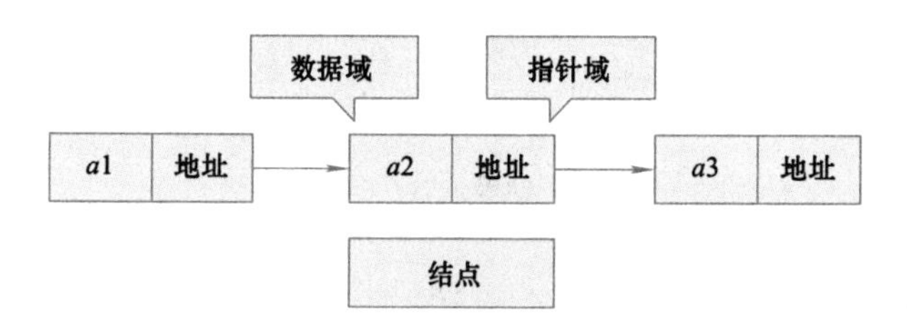

图 3-6　结点的数据域与指针域

n 个节点连接成一个链表，即为线性表的链式存储结构，因为此链表的每个节点中只包含一个指针域，所以叫作单链表。单链表正是通过每个结点的指针域将线性表的数据元素按其逻辑次序连接在一起。

对于线性表来说，总得有个头有个尾，链表也不例外。我们把链表中第一个节点的存储位置叫作头指针，整个链表的存取必须从头指针开始进行。之后的每一个节点，其实就是上一个的后继指针指向的位置。想象一下，最后一个结点，它的指针指向哪里?

最后一个，显然就意味着直接后继不存在了，所以我们规定，线性链表的最后一个节点指针为“空”。

3.4　单链表结构与顺序存储结构的优缺点

我们分别从存储分配方式、时间性能、空间性能三个方面来进行对比。

1. 存储分配方式

1）顺序存储结构用一段连续的存储单元依次存储线性表的数据元素。

2）单链表采用链式存储结构，用一组任意的存储单元存放线性表的元素，数据可以在内存中任何允许的空间和角落进行存储，这样就可以将碎片空间利用起来。

2. 时间性能

（1）查找操作

1）顺序存储结构的查找时间复杂度为 $O(1)$。

2）单链表的查找时间复杂度为 $O(n)$。

（2）插入、删除操作

1）顺序存储结构需要平均移动表长一半的元素，时间复杂度为 $O(n)$。

2）单链表在计算出某位置的指针后，插入和删除的时间复杂度仅为 $O(1)$，第一次查找的时间复杂度也为 $O(n)$，但是第一次查找之后，多次插入、删除同一位置的时间复杂度均为 $O(1)$。

3. 空间性能

1）顺序存储结构需要预分配存储空间，分大了，容易造成空间浪费；分小了，容易发生溢出。

2）单链表不需要分配存储空间，只要有就可以分配，元素个数也不受限制。

4. 总结

1）若线性表需要频繁查找，很少进行插入和删除操作，宜采用顺序存储结构。

2）若需要频繁插入和删除时，宜采用单链表结构。

3）当线性表中的元素个数变化较大或者根本不知道有多大时，最好用单链表结构，这样就不需要考虑存储空间的大小问题。

4）而如果事先知道线性表的大致长度，比如一年 12 个月，一周 7 天，这种用顺序存储结构效率就会高很多。

5）总之，线性表的顺序存储结构和单链表结构各有其优缺点，不能简单地说哪个好，哪个不好，需要根据实际情况，综合平衡采用哪种数据结构更能满足需求。

3.5 列表

在 Python 语言中，是用列表来实现线性表这种数据结构的。列表是简洁而强大的元素集合，它为程序员提供了很多操作。但是，并非所有编程语言都有列表。对于不提供列表的编程语言，程序员必须自己动手实现。

列表是元素的集合，其中每一个元素都有一个相对于其他元素的位置。更具体地说，这种列表称为无序列表。可以认为列表有第一个元素、第二个元素、第三个元素……；也可以称第一个元素为列表的起点，称最后一个元素为列表的终点。为简单起见，我们假设列表中没有重复元素。

假设 54, 26, 93, 17, 77, 31 是考试分数的无序列表。注意，列表通常使用逗号作为分隔符。这个列表在 Python 中显示为 [54, 26, 93, 17, 77, 31]。

3.5.1 无序列表抽象数据类型

如前所述，无序列表是元素的集合，其中每一个元素都有一个相对于其他元素的位置。无序列表的存储结构是链式存储结构。以下是无序列表支持的操作。

1）List() 创建一个空列表。它不需要参数，且会返回一个空列表。

2）add(item) 假设元素 item 之前不在列表中，并向其中添加 item。它接受一个元素作为参数，无返回值。

3）remove(item) 假设元素 item 已经在列表中，并从其中移除 item。它接受一个元素作为参数，并且修改列表。

4）search(item) 在列表中搜索元素 item。它接受一个元素作为参数，并且返回布尔值。

5）isEmpty() 检查列表是否为空。它不需要参数，并且返回布尔值。

6）length() 返回列表中元素的个数。它不需要参数，并且返回一个整数。

7）append(item) 假设元素 item 之前不在列表中，并在列表的最后位置添加 item。它接受一个元素作为参数，无返回值。

8）index(item) 假设元素 item 已经在列表中，并返回该元素在列表中的位置。它接受一个元素作为参数，并且返回该元素的下标。

9）insert(pos, item) 假设元素 item 之前不在列表中，同时假设 pos 是合理的值，并在位置 pos 处添加元素 item。它接受两个参数，无返回值。

10）pop() 假设列表不为空，并移除列表中的最后一个元素。它不需要参数，且会返回一个元素。

11）pop(pos) 假设在指定位置 pos 存在元素，并移除该位置上的元素。它接受位置参数，且会返回一个元素。

3.5.2　实现无序列表：链表

为了实现无序列表，我们要构建链表。无序列表需要维持元素之间的相对位置，但是并不需要在连续的内存空间中维护这些位置信息。以图 3–7 中的元素集合为例，这些元素的位置看上去都是随机的。如果可以为每一个元素维护一份信息，即下一个元素的位置（见图 3–8），那么这些元素的相对位置就能通过指向下一个元素的链接来表示。

17

31

26

54

77

93

图 3–7　看似随意摆放的元素

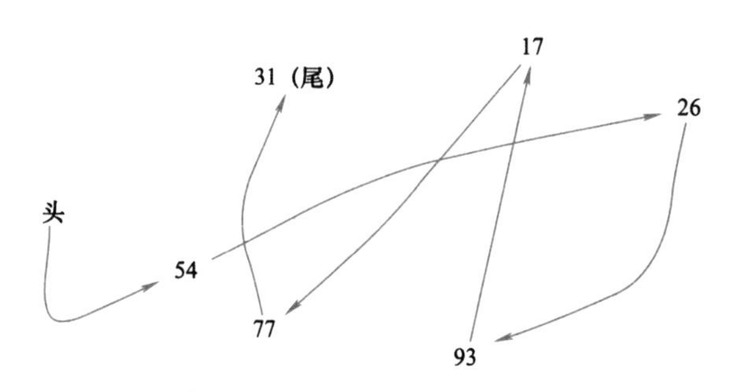

图 3-8　通过链接维护相对位置信息

需要注意的是，必须指明列表中第一个元素的位置。一旦知道第一个元素的位置，就能根据其中的链接信息访问第二个元素，接着访问第三个元素，依此类推。指向链表第一个元素的引用被称作头。最后一个元素需要知道自己没有下一个元素。

1. Node 类

节点是构建链表的基本数据结构。每一个节点对象都必须持有至少两份信息。首先，节点必须包含列表元素，我们称之为节点的数据变量。其次，节点必须保存指向下一个节点的引用。图 3-9 展示了 Node 类的 Python 实现。在构建节点时，需要为其提供初始值。

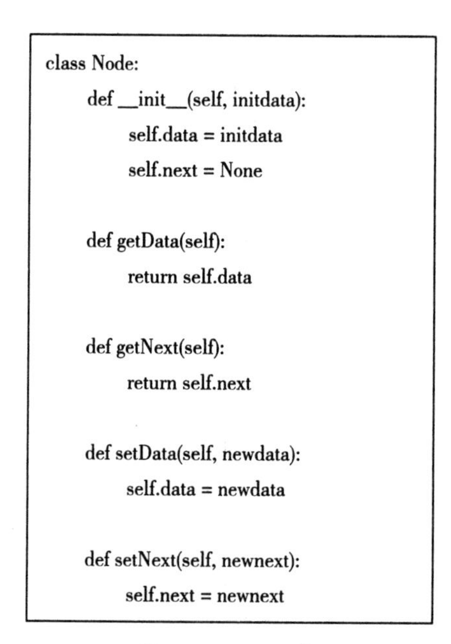

```
class Node:
    def __init__(self, initdata):
        self.data = initdata
        self.next = None

    def getData(self):
        return self.data

    def getNext(self):
        return self.next

    def setData(self, newdata):
        self.data = newdata

    def setNext(self, newnext):
        self.next = newnext
```

图 3-9　Node 类

执行下面的赋值语句会生成一个包含数据值 93 的节点对象，如图 3–10 所示。需要注意的是，一般会像图 3–11 所示的那样表示节点。Node 类也包含访问和修改数据的方法，以及指向下一个元素的引用。

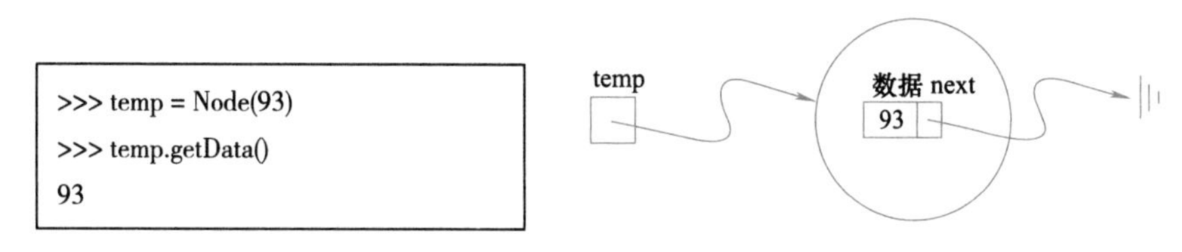

图 3–10　节点对象包含元素及指向下一个节点的引用

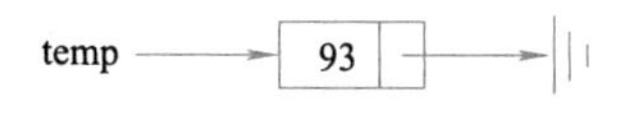

图 3–11　节点的常见表示法

特殊的 Python 引用值 None 在 Node 类以及之后的链表中起到了重要的作用。指向 None 的引用代表着后面没有元素。注意，Node 的构造方法将 next 的初始值设为 None。由于这有时被称为“将节点接地”，因此我们使用接地符号来代表指向 None 的引用。将 None 作为 next 的初始值是不错的做法。

2. UnorderedList 类

如前所述，无序列表（Unordered List）是基于节点集合来构建的，每一个节点都通过显式的引用指向下一个节点。只要知道第一个节点的位置（第一个节点包含第一个元素），其后的每一个元素都能通过下一个引用找到。因此，UnorderedList 类必须包含指向第一个节点的引用。图 3–12 展示了 UnorderedList 类的构造方法。注意，每一个列表对象都保存了指向列表头部的引用。

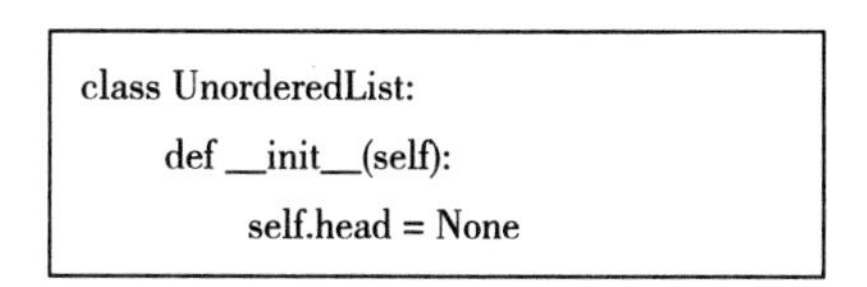
```
class UnorderedList:
    def __init__(self):
        self.head = None
```

图 3–12　UnorderedList 类的构造方法

最开始构建列表时，其中没有元素。赋值语句 mylist = UnorderedList() 将创建如

图3-13所示的链表。与在Node类中一样，特殊引用值None用于表明列表的头部没有指向任何节点。最终，前面给出的样例列表将由如图3-14所示的链表来表示。列表的头部指向包含列表第一个元素的节点。这个节点包含指向下一个节点（元素）的引用，依此类推。非常重要的一点是，列表类本身并不包含任何节点对象，而只有指向整个链表结构中第一个节点的引用。

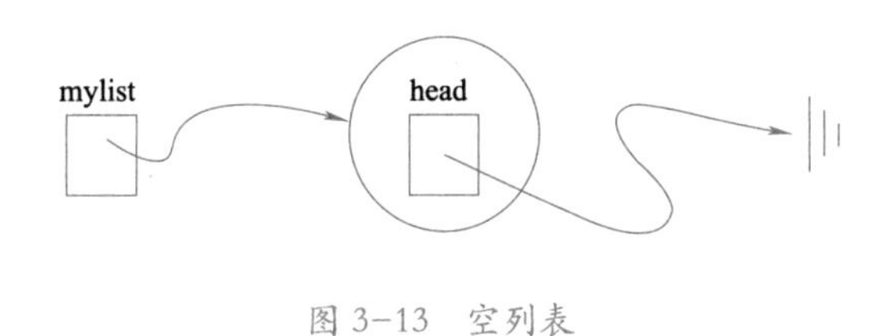

图 3-13　空列表

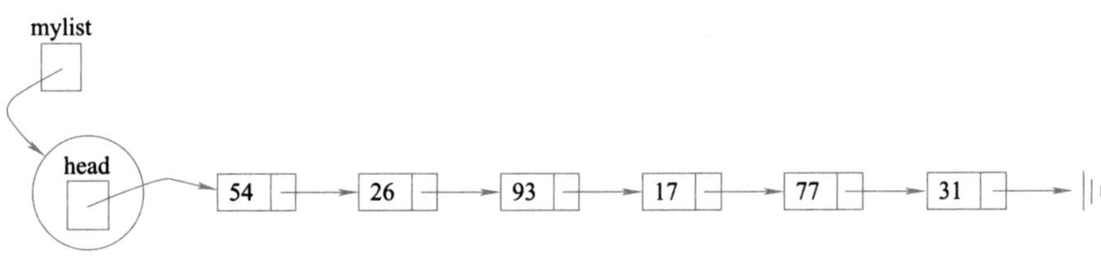

图 3-14　由整数组成的链表

在图3-15中，isEmpty方法检查列表的头部是否为指向None的引用。布尔表达式self.head == None当且仅当链表中没有节点时才为真。由于新的链表是空的，因此构造方法必须和检查是否为空的方法保持一致。这体现了使用None表示链表末尾的好处。在Python中，None可以和任何引用进行比较。如果两个引用都指向同一个对象，那么它们就是相等的。我们将在后面的方法中经常使用这一特性。

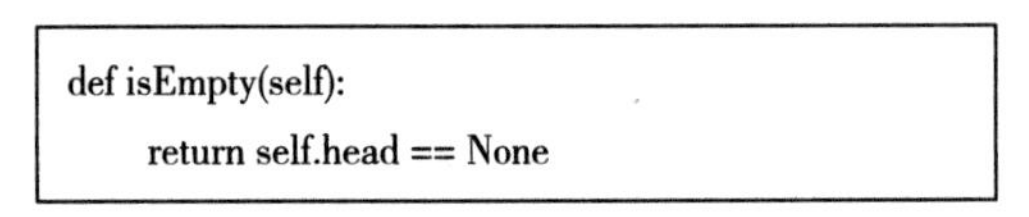

```
def isEmpty(self):
    return self.head == None
```

图 3-15　isEmpty 方法

为了将元素添加到列表中，需要实现add方法。但在实现之前，需要解决一个重要问题：新元素要被放在链表的哪个位置？由于本例中的列表是无序的，因此新元素相对于已有元素的位置并不重要，新的元素可以在任意位置。因此，将新元素放在最简便的位置是最合理的选择。

由于链表只提供一个入口（头部），因此其他所有节点都只能通过第一个节点以及 next 链接来访问。这意味着添加新节点最简便的位置就是头部，或者说链表的起点。我们把新元素作为列表的第一个元素，并且把已有的元素链接到该元素的后面。

通过多次调用 add 方法，可以构建出如图 3-16 所示的链表。

```
>>> mylist.add(31)
>>> mylist.add(77)
>>> mylist.add(17)
>>> mylist.add(93)
>>> mylist.add(26)
>>> mylist.add(54)
```

图 3-16　链表的 add 操作

图 3-16 展示了 add 方法的使用方式，图 3-17 展示了 add 方法的实现。列表中的每一个元素都必须被存放在一个节点对象中。第 2 行创建一个新节点，并且将元素作为其数据。现在需要将新节点与已有的链表结构连接起来。这一过程需要两步，如图 3-18 所示。第 1 步（第 3 行），将新节点的 next 引用指向当前列表中的第一个节点。这样一来，原来的列表就和新节点正确地连接在了一起。第 2 步，修改列表的头节点，使其指向新创建的节点。第 4 行的赋值语句完成了这一操作。

```
1.  def add(self, item):
2.          temp = Node(item)
3.          temp.setNext(self.head)
4.          self.head = temp
```

图 3-17　add 方法的编写

上述两步的顺序非常重要。如果颠倒第 3 行和第 4 行的顺序，会发生什么呢？如果先修改列表的头节点，将得到如图 3-19 所示的结果。由于头节点是唯一指向列表节点的外部引用，因此所有的已有节点都将丢失并且无法访问。

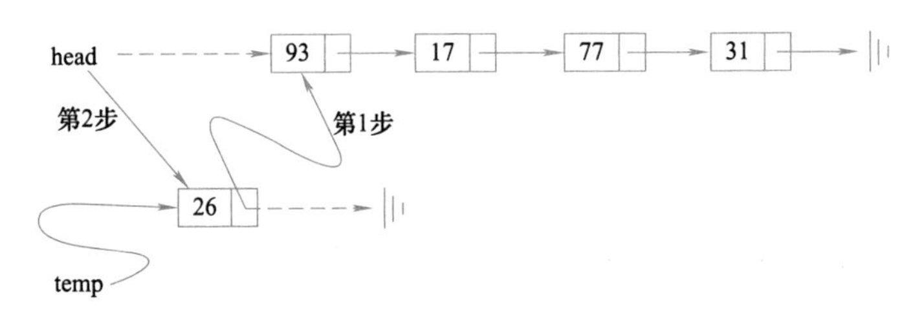

图 3-18　通过两个步骤添加新节点

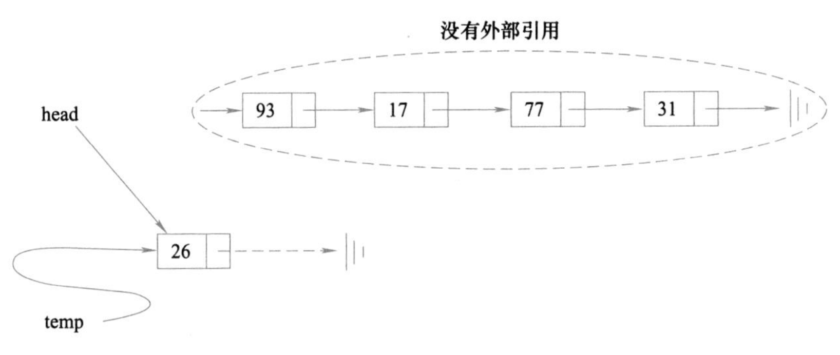

图 3-19　先修改列表的头节点将导致已有节点丢失

接下来要实现的方法——length、search 以及 remove，都基于链表遍历这个技术。遍历是指系统地访问每一个节点，具体做法是用一个外部引用从列表的头节点开始访问。随着访问每一个节点，我们将这个外部引用通过“遍历”下一个引用来指向下一个节点。

为了实现 length 方法，需要遍历链表并且记录访问过多少个节点。图 3-20 展示了计算列表中节点个数的 Python 代码。current 就是外部引用，它在第 2 行中被初始化为列表的头节点。在计算开始时，由于没有访问到任何节点，因此 count 被初始化为 0。第 4 ~ 6 行实现遍历过程。只要 current 引用没有指向列表的结尾（None），就将它指向下一个节点（第 6 行）。引用能与 None 进行比较，这一特性非常重要。每当 current 指向一个新节点时，将 count 加 1。最终，循环完成后返回 count。图 3-21 展示了整个处理过程。

在无序列表中搜索一个值同样也会用到遍历技术。每当访问一个节点时，检查该节点中的元素是否与要搜索的元素相同。在搜索时，可能并不需要完整遍历列表就能找到该元素。事实上，如果遍历到列表的末尾，就意味着要找的元素不在列表中。如果在遍历过程中找到所需的元素，就没有必要继续遍历了。

```
1.  def length(self):
2.      current = self.head
3.      count = 0
4.      while current != None:
5.          count = count + 1
6.          current = current.getNext()
7.
8.      return count
```

图 3-20　计算列表中节点个数方法的编写

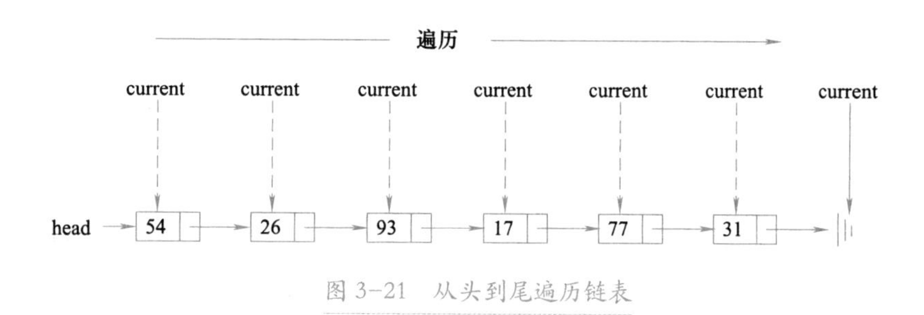

图 3-21　从头到尾遍历链表

图 3-22 展示了 search 方法的实现。与在 length 方法中相似，遍历从列表的头部开始（第 2 行）。我们使用布尔型变量 found 来标记是否找到所需的元素。由于一开始时并未找到该元素，因此第 3 行将 found 初始化为 False。第 4 行的循环既考虑了是否到达列表末尾，也考虑了是否已经找到目标元素。只要还有未访问的节点并且还没有找到目标元素，就继续检查下一个节点。第 5 行检查当前节点中的元素是否为目标元素。如果是，就将 found 设为 True。

由于 17 在列表中，因此遍历过程只需进行到含有 17 的节点即可。此时，found 变量被设为 True，从而使 while 循环退出，最终得到上面的输出结果。图 3-23 展示了这一过程。

remove 方法在逻辑上需要分两步。第 1 步，遍历列表并查找要移除的元素。一旦找到该元素（假设元素在列表中），就必须将其移除。第 1 步与 search 非常相似。从一个指向列表头节点的外部引用开始，遍历整个列表，直到遇到需要移除的元素。由于假设目标元素已经在列表中，因此我们知道循环会在 current 抵达 None 之前结束。这意味着可以在判断条件中使用布尔型变量 found。

```
1.  def search(self, item):
2.      current = self.head
3.      found = False
4.      while current != None and not found:
5.          if current.getData() == item:
6.              found = True
7.          else:
8.              current = current.getNext()
9.      return found
```

图 3-22 search 方法

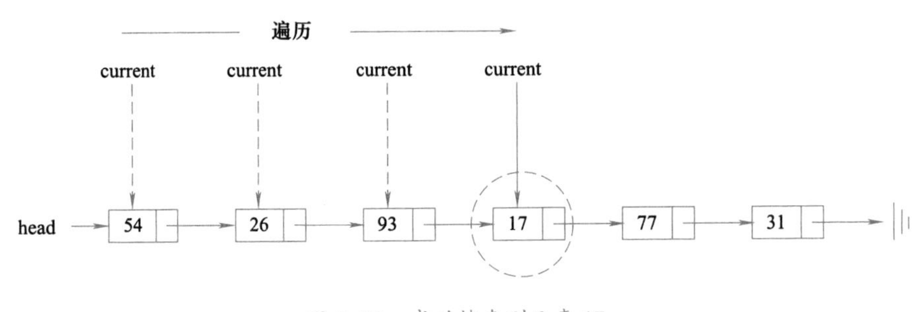

图 3-23 成功搜索到元素 17

当 found 被设为 True 时，current 将指向需要移除的节点。该如何移除它呢？一种做法是将节点包含的值替换成表示其已被移除的值。这种做法的问题是，节点的数量和元素的数量不再匹配。更好的做法是移除整个节点。

为了将包含元素的节点移除，需要将其前面节点中的 next 引用指向 current 之后的节点。然而，并没有反向遍历链表的方法。由于 current 已经指向了需要修改的节点之后的节点，此时做修改为时已晚。

这一困境的解决方法就是在遍历链表时使用两个外部引用。current 与之前一样，标记在链表中的当前位置。新的引用 previous 总是指向 current 上一次访问的节点。这样一来，当 current 指向需要被移除的节点时，previous 就刚好指向真正需要修改的节点。

图 3–24 展示了完整的 remove 方法。第 2 ～ 3 行对两个引用进行初始赋值。注意，current 与其他遍历例子一样，从列表的头节点开始。由于头节点之前没有别的节点，因此 previous 的初始值是 None ，如图 3–25 所示。布尔型变量 found 再一次被用来控制循环。

```
1.  def remove(self, item):
2.      current = self.head
3.      previous = None
4.      found = False
5.      while not found:
6.          if current.getData() == item:
7.          found = True
8.      else:
9.          previous = current
10.         current = current.getNext()
11.
12.   if previous == None:
13.         self.head = current.getNext()
14.    else:
15.         previous.setNext(current.getNext())
```

图 3–24　remove 方法

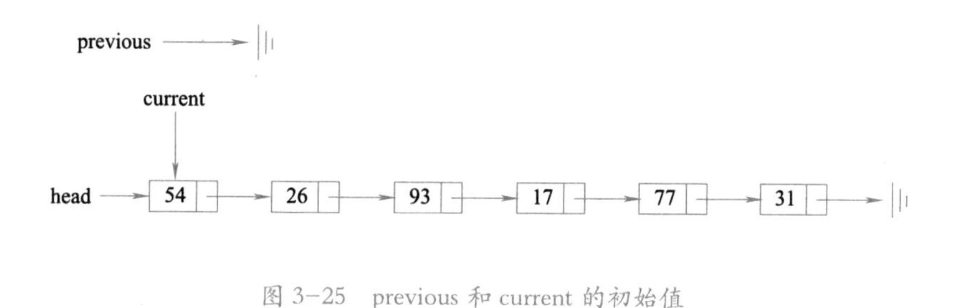

图 3–25　previous 和 current 的初始值

第 6 ～ 7 行检查当前节点中的元素是否为要移除的元素。如果是，就设 found 为 True ；如果否，则将 previous 和 current 往前移动一次。这两条语句的顺序十分重要。必须先将 previous 移动到 current 的位置，然后再移动 current。这一过程经常被称为“蠕动”，因为 previous 必须在 current 向前移动之前指向其当前位置。图 3–26 展示了在遍历列表寻找包含 17 的节点的过程中，previous 和 current 的移动过程。

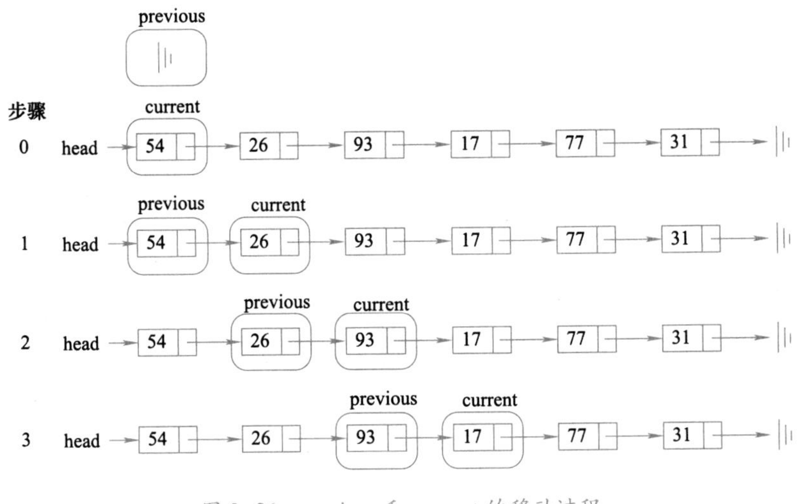

图 3-26 previous 和 current 的移动过程

一旦搜索过程结束，就需要执行移除操作。图 3-27 展示了修改过程。有一种特殊情况需要注意：如果被移除的元素正好是链表的第一个元素，那么 current 会指向链表中的第一个节点，previous 的值则是 None。在这种情况下，需要修改链表的头节点，而不是 previous 指向的节点，如图 3-28 所示。

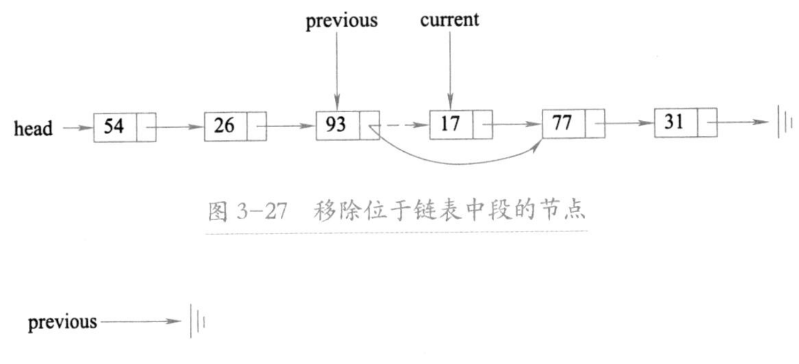

图 3-27 移除位于链表中段的节点

previous

current

head 54 26 93 17 77 31

图 3-28 移除链表中的第一个节点

第 12 行检查是否遇到上述特殊情况。如果 previous 没有移动，当 found 被设为 True 时，它的值仍然是 None。在这种情况下（第 13 行），链表的头节点被修改成指向当前头节点的下一个节点，从而达到移除头节点的效果。但是，如果 previous 的值不是 None，则说明需要移除的节点在链表结构中的某个位置。在这种情况下，previous 指向了 next 引用需要被修改的节点。第 15 行使用 previous 的 setNext 方法来完成移除操作。注意，在两种情况中，修改后的引用都指向 current.getNext()。一个常被提及的问题是，已有的逻辑能否处理移除最后一个节点的情况。这个问题留给你来思考。

剩下的方法 append、insert、index 和 pop 都留作练习。注意，每一个方法都需要考虑操作是发生在链表的头节点还是别的位置。此外，insert、index 和 pop需要提供元素在链表中的位置。请假设位置是从 0 开始的整数。

3.5.3　实现有序列表

在实现有序列表时必须记住，元素的相对位置取决于它们的基本特征。整数有序列表 17, 26, 31, 54, 77, 93 可以用如图 3-29 所示的链式结构来表示。

head → 17 → 26 → 31 → 54 → 77 → 93

图 3-29　有序链表

OrderedList 类的构造方法与 UnorderedList 类的相同。head 引用指向 None，代表这是一个空列表，如图 3-30 所示。

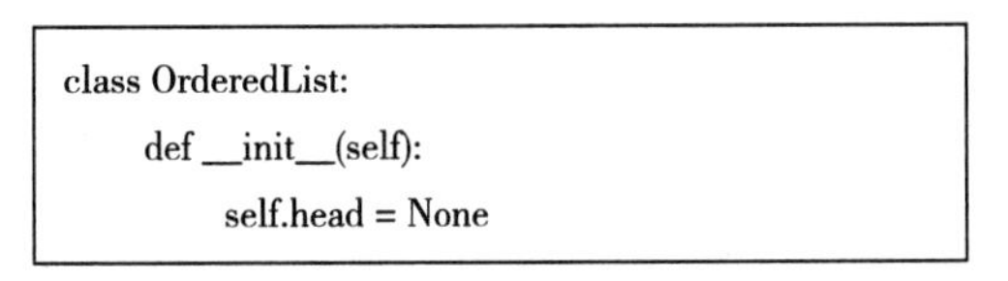

```
class OrderedList:
    def __init__(self):
        self.head = None
```

图 3-30　OrderedList 类的构造方法

因为 isEmpty 和 length 仅与列表中的节点数目有关，而与实际的元素值无关，所以这两个方法在有序列表中的实现与在无序列表中一样。同理，由于仍然需要找到目标元素并且通过更改链接来移除节点，因此 remove 方法的实现也一样。剩下的两个方法 search 和 add，需要做一些修改。

在无序列表中搜索时，需要逐个遍历节点，直到找到目标节点或者没有节点可以访问。这个方法同样适用于有序列表，但前提是列表包含目标元素。如果目标元素不在列表中，可以利用元素有序排列这一特性尽早终止搜索。

举一个例子。图 3–31 展示了在有序列表中搜索 45 的情况。从列表的头节点开始遍历，首先比较 45 和 17。由于 17 不是要查找的元素，因此移向下一个节点，即 26。它也不是要找的元素，所以继续向前比较 31 和之后的 54。由于 54 不是要查找的元素，因此在无序列表中，我们会继续搜索。但是，在有序列表中不必这么做。一旦节点中的值比正在查找的值更大，搜索就立刻结束并返回 False。这是因为，要查找的元素不可能存在于链表后序的节点中。

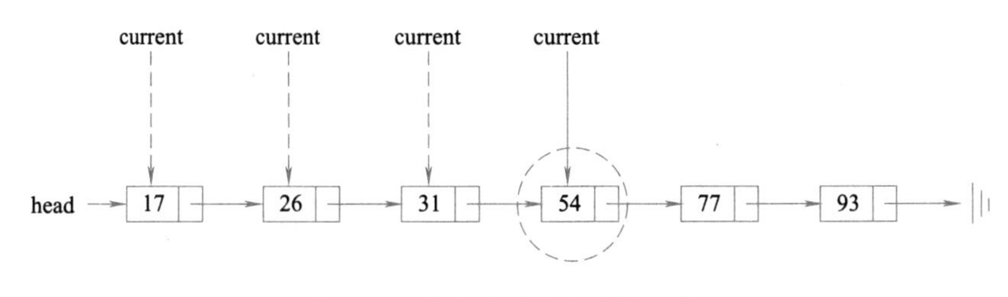

图 3–31　在有序列表中查找元素

图 3–32 展示了完整的 search 方法。通过增加新的布尔型变量 stop，并将其初始化为 False（第 4 行），可以将上述条件轻松整合到代码中。当 stop 是 False 时，我们可以继续搜索链表（第 5 行）。如果遇到其值大于目标元素的节点，则将 stop 设为 True（第 9 ~ 10 行）。之后的代码与无序列表中的一样。

需要修改最多的是 add 方法。对于无序列表，add 方法可以简单地将一个节点放在列表的头部，这是最简便的访问点。不巧，这种做法不适合有序列表。我们需要在已有链表中为新节点找到正确的插入位置。

假设要向有序列表 17, 26, 54, 77, 93 中添加 31。add 方法必须确定新元素的位置在 26 和 54 之间。图 3–33 展示了我们期望的结果。像之前解释的一样，需要遍历链表来查找新元素的插入位置。当访问完所有节点（current 是 None）或者当前值大于要添加的元素时，就找到了插入位置。在本例中，遇到 54 使得遍历过程终止。

```
1.  def search(self, item):
2.      current = self.head
3.      found = False
4.      stop = False
5.      while current != None and not found and not stop:
6.          if current.getData() == item:
7.              found = True
8.          else:
9.              if current.getData() > item:
10.                 stop = True
11.             else:
12.             current = current.getNext()
13.     return found
```

图 3-32　有序列表的 search 方法

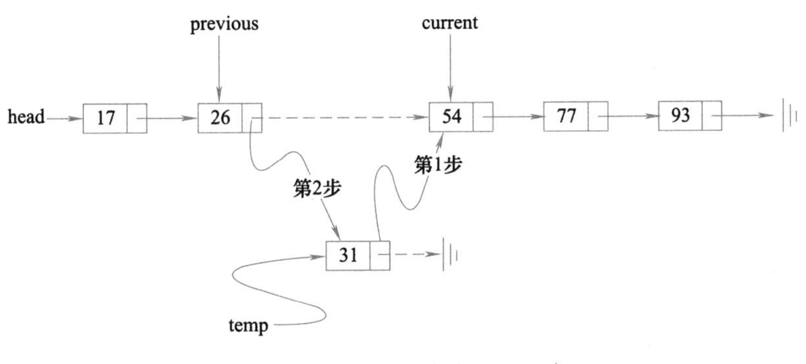

图 3-33　向有序列表中添加元素

和无序列表一样，由于 current 无法提供对待修改节点的访问，因此使用额外的引用 previous 是十分必要的。图 3-34 展示了完整的 add 方法。第 2 ~ 3 行初始化两个外部引用，第 9 ~ 10 行保证 previous 一直跟在 current 后面。只要还有节点可以访问，并且当前节点的值不大于要插入的元素，判断条件就会允许循环继续执行。在循环停止时，就找到了新节点的插入位置。

一旦创建了新节点，唯一的问题就是它会被添加到链表的开头还是中间某个位置。previous == None（第 13 行）可以提供答案。剩下的方法留作练习。需要认真思考，在无序列表中的实现是否可用于有序列表。

```
1.  def add(self, item):
2.      current = self.head
3.      previous = None
4.      stop = False
5.      while current != None and not stop:
6.          if current.getData() > item:
7.              stop = True
8.          else:
9.              previous = current
10.             current = current.getNext()
11.
12.     temp = Node(item)
13.     if previous == None:
14.         temp.setNext(self.head)
15.         self.head = temp
16.     else:
17.         temp.setNext(current)
18.         previous.setNext(temp)
```

图 3-34　有序列表的 add 方法

3.6　参考题

1. 线性表是什么？举一个线性表在现实中的例子。

2. 线性表有哪些存储结构？

3. 顺序存储结构的优缺点是什么？

4. 链式存储结构的优缺点是什么？

5. 如下图所示，将两个升序链表合并为一个新的升序链表并返回。新链表是通过拼接给定的两个链表的所有节点组成的。

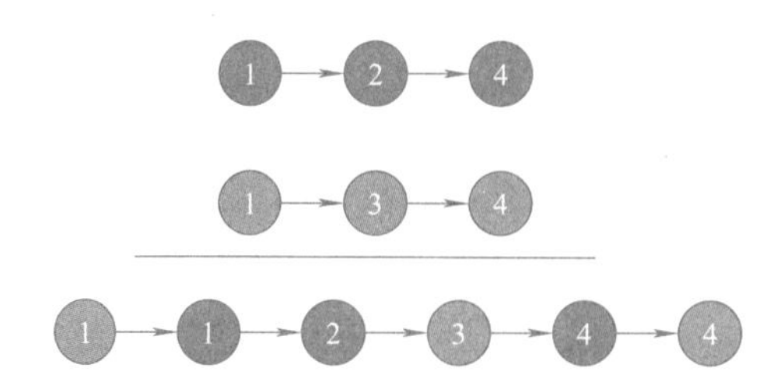

第 4 章　栈与队列

4.1　栈的定义

栈有时也被称作“下堆栈”。它是有序集合，添加操作和移除操作总发生在同一端，即“顶端”，另一端则被称为“底端”。栈中的元素离底端越近，代表其在栈中的时间越长，因此栈的底端具有非常重要的意义。最新添加的元素将被最先移除。这种排序原则被称 LIFO（Last−In First−Out），即后进先出。它提供了一种基于在集合中的时间来排序的方式。最近添加的元素靠近顶端，旧元素则靠近底端。栈的例子在日常生活中比比皆是。几乎所有咖啡馆都有一个由托盘或盘子构成的栈，你可以从顶部取走一个盘子，下一个顾客则会取走下面的盘子。图 4−1 是由书构成的栈，唯一露出封面的书就是顶部的那本。为了拿到其他某本书，需要移除压在其上面的书。图 4−2 展示了另一个栈，它包含一些原生的 Python 数据对象。

图 4−1　由书构成的栈

观察元素的添加顺序和移除顺序，就能理解栈的重要思想。假设桌面一开始是空的，每次只往桌上放一本书。如此堆叠，便能构建出一个栈。取书的顺序正好与放书的顺序相反。由于可用于反转元素的排列顺序，因此栈十分重要。元素的插入顺序正好与移除顺序相反。图 4−3 展示了 Python 数据对象栈的创建过程和拆除过程。请仔细观察数据对象的顺序。

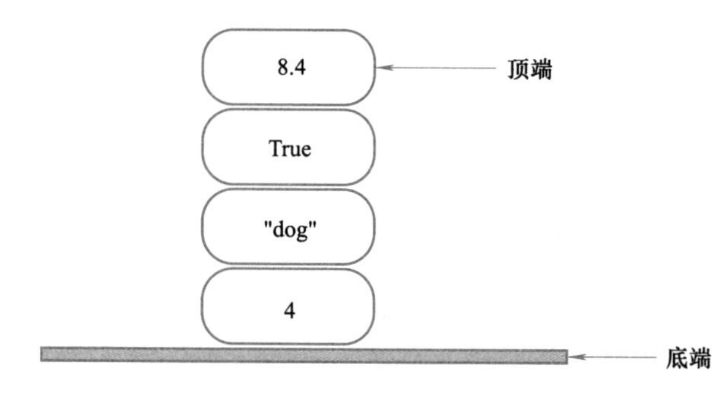

图 4-2　原生的 Python 数据对象

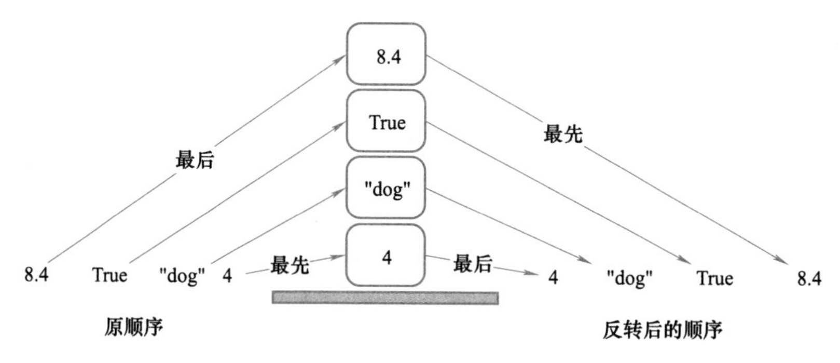

图 4-3　Python 数据对象栈的创建过程和拆除过程

考虑到栈的反转特性，我们可以想到在使用计算机时的一些例子。例如，每一个浏览器都有返回按钮。当我们从一个网页跳转到另一个网页时，这些网页的 URL 都被存放在一个栈中。当前正在浏览的网页位于栈的顶端，最早浏览的网页则位于底端。如果单击返回按钮，便开始反向浏览这些网页。

4.2　栈的抽象数据类型

栈抽象数据类型由下面的结构和操作定义。如前所述，栈是元素的有序集合，添加操作与移除操作都发生在其顶端。栈的操作顺序是 LIFO，它支持以下操作。

1）Stack() 创建一个空栈。它不需要参数，且会返回一个空栈。

2）push(item) 将一个元素添加到栈的顶端。它需要一个参数 item，且无返回值。

3）pop() 将栈顶端的元素移除。它不需要参数，但会返回顶端的元素，并且修改栈的内容。

4）peek() 返回栈顶端的元素，但是并不移除该元素。它不需要参数，也不会修改栈的内容。

5）isEmpty() 检查栈是否为空。它不需要参数，且会返回一个布尔值。

6）size() 返回栈中元素的数目。它不需要参数，且会返回一个整数。

假设 s 是一个新创建的空栈。表 4-1 展示了对 s 进行一系列操作的结果。在“栈内容”一列中，栈顶端的元素位于最右侧。

表 4-1　栈 s 执行操作结果表

栈操作	栈内容	返回值
s.isEmpty()	[ ]	True
s.push(4)	[4]	—
s.push('dog')	[4, 'dog']	—
s.peek()	[4, 'dog']	—
s.push(True)	[4, 'dog', True]	'dog'
s.size()	[4, 'dog', True]	—
s.isEmpty()	[4, 'dog', True]	3
s.push(8.4)	[4, 'dog', True, 8.4]	False
s.pop()	[4, 'dog', True]	8.4
s.pop()	[4, 'dog']	True
s.size()	[4, 'dog']	2

4.3　用 Python 实现栈

明确定义栈抽象数据类型之后，开始用 Python 来将其实现。抽象数据类型的实现常被称为数据结构。和其他面向对象编程语言一样，每当需要在 Python 中实现像栈这样的抽象数据类型时，就可以创建新类。栈的操作通过方法实现。更进一步地说，因为是元素的集合，所以完全可以利用 Python 提供的强大、简单的原生集合来实现。这里，我们将使用列表。Python 列表是有序集合，它提供了一整套方法。举例来说，对于列表 [2, 5, 3, 6, 7, 4]，只需要考虑将它的哪一边视为栈的顶端。一旦确定了顶端，所有的操作就可以利用

append 和 pop 等列表方法来实现。

图 4-4 是栈的实现，它假设列表的尾部是栈的顶端。当栈增长时（即进行 push 操作），新的元素会被添加到列表的尾部。pop 操作同样会修改这一端。

```
class Stack:
    def __init__(self):
        self.items = []
    def isEmpty(self):
        return self.items == []
    def push(self, item):
        self.items.append(item)
    def pop(self):
        return self.items.pop()
    def peek(self):
        return self.items[len(self.items)-1]
    def size(self):
        return len(self.items)
```

图 4-4　用 Python 实现栈

值得注意的是，也可以选择将列表的头部作为栈的顶端。不过在这种情况下，便无法直接使用 pop 方法和 append 方法，而必须要用 pop 方法和 insert 方法显式地访问下标为 0 的元素，即列表中的第 1 个元素。图 4-5 展示了这种实现。

```
class Stack:
    def __init__(self):
        self.items = []
    def isEmpty(self):
        return self.items == []
    def push(self, item):
        self.items.insert(0, item)
    def pop(self):
        return self.items.pop()
    def peek(self):
        return self.items[0]
    def size(self):
        return len(self.items)
```

图 4-5　pop 方法和 insert 方法

4.4　队列的定义

接下来学习另一个线性数据结构：队列。与栈类似，队列本身十分简单，却能用来解决众多重要问题。

队列是有序集合，添加操作发生在“尾部”，移除操作则发生在“头部”。新元素从尾部进入队列，然后一直向前移动到头部，直到成为下一个被移除的元素。最新添加的元素必须在队列的尾部等待，在队列中等待时间最长的元素则排在最前面。这种排序原则被称作 FIFO（First-In First-Out），即先进先出，也称先到先得。在日常生活中，我们经常排队，这便是最简单的队列的例子。进电影院要排队，在超市结账要排队，买咖啡也要排队（等着从盘子栈中取盘子）。好的队列只允许一头进，另一头出，不可能发生插队或者中途离开的情况。图 4-6 展示了一个由 Python 数据对象组成的简单队列。

图 4-6　简单队列

计算机科学中也有众多的队列例子。比如计算机实验室有 30 台计算机，它们都与同一台打印机相连。当学生需要打印时，他们的打印任务会进入一个队列。该队列中的第一个任务就是即将执行的打印任务。如果一个任务排在队列的最后面，那么它必须等前面的任务都执行完毕后才能执行。我们稍后会更深入地探讨这个有趣的例子。

操作系统使用一些队列来控制计算机进程。调度机制往往基于一个队列算法，其目标是尽可能快地执行程序，同时服务尽可能多的用户。在打字时，我们有时会发现字符出现的速度比击键速度慢。这是由于计算机正在做其他的工作。击键操作被放入一个类似于队列的缓冲区，以便对应的字符按正确的顺序显示。

4.5 队列的抽象数据类型

队列抽象数据类型由下面的结构和操作定义。如前所述，队列是元素的有序集合，添加操作发生在其尾部，移除操作则发生在头部。队列的操作顺序是 FIFO，它支持以下操作。

1）Queue() 创建一个空队列。它不需要参数，且会返回一个空队列。

2）enqueue(item) 在队列的尾部添加一个元素。它需要一个元素作为参数，不返回任何值。

3）dequeue() 从队列的头部移除一个元素。它不需要参数，且会返回一个元素，并修改队列的内容。

4）isEmpty() 检查队列是否为空。它不需要参数，且会返回一个布尔值。

5）size() 返回队列中元素的数目。它不需要参数，且会返回一个整数。

假设 q 是一个新创建的空队列。表 4-2 展示了对 q 进行一系列操作的结果。在“队列内容”一列中，队列的头部位于右端。4 是第一个被添加到队列中的元素，因此它也是第一个被移除的元素。

表 4-2　队列 q 执行操作结果表

队列操作	队列内容	返回值
q.isEmpty()	[]	True
q.enqueue(4)	[4]	—
q.enqueue('dog')	['dog', 4]	—
q.enqueue(True)	[True, 'dog', 4]	—
q.size()	[True, 'dog', 4]	3
q.isEmpty()	[True, 'dog', 4]	False
q.enqueue(8.4)	[8.4, True, 'dog', 4]	—
q.dequeue()	[8.4, True, 'dog']	4
q.dequeue()	[8.4, True]	'dog'
q.size()	[8.4, True]	2

4.6　用 Python 实现队列

创建一个新类来实现队列抽象数据类型是十分合理的。像之前一样，我们利用简洁强大的列表来实现队列。需要确定列表的哪一端是队列的尾部，哪一端是头部。图 4-7 中的实现假设队列的尾部在列表的位置 0 处。如此一来，便可以使用 insert 函数向队列的尾部添加新元素。pop 则可用于移除队列头部的元素（列表中的最后一个元素）。

```
class Queue:
    def __init__(self):
        self.items = []
    def isEmpty(self):
        return self.items == []
    def enqueue(self, item):
        self.items.insert(0, item)
    def dequeue(self):
        return self.items.pop()
    def size(self):
        return len(self.items)
```

图 4-7　insert 操作

图 4-8 展示了表 4-2 中的队列操作及其返回结果。

```
>>> q = Queue()
>>> q.isEmpty()
True
>>> q.enqueue('dog')
>>> q.enqueue(4)
>>> q = Queue()
>>> q.isEmpty()
True
>>> q.enqueue(4)
>>> q.enqueue('dog')
>>> q.enqueue(True)
```

图 4-8　队列操作及返回结果

```
>>> q.size()
3
>>> q.isEmpty()
False
>>> q.enqueue(8.4)
>>> q.dequeue()
4
>>> q.dequeue()
'dog'
>>> q.size()
2
```

图 4-8 队列操作及返回结果（续）

4.7 双端队列的定义

接下来学习另一个线性数据结构。与栈和队列不同的是，双端队列的限制很少。注意，不要把它的英文名 deque（与 deck 同音）和队列的移除操作 dequeue 搞混了。

双端队列是与队列类似的有序集合。它有一前、一后两端，元素在其中保持自己的位置。与队列不同的是，双端队列对在哪一端添加和移除元素没有任何限制。新元素既可以被添加到前端，也可以被添加到后端。同理，已有的元素也能从任意一端移除。某种意义上，双端队列是栈和队列的结合。图 4-9 展示了由 Python 数据对象组成的双端队列。

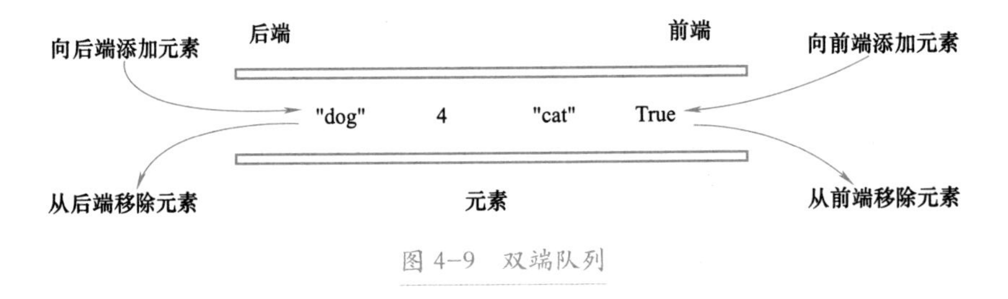

图 4-9 双端队列

值得注意的是，尽管双端队列有栈和队列的很多特性，但是它并不要求按照这两种数据结构分别规定的 LIFO 原则和 FIFO 原则操作元素。具体的排序原则取决于其使用者。

4.8　双端队列的抽象数据类型

双端队列抽象数据类型由下面的结构和操作定义。如前所述，双端队列是元素的有序集合，其任何一端都允许添加或移除元素。双端队列支持以下操作。

1）Deque() 创建一个空的双端队列。它不需要参数，且会返回一个空的双端队列。

2）addFront(item) 将一个元素添加到双端队列的前端。它接受一个元素作为参数，没有返回值。

3）addRear(item) 将一个元素添加到双端队列的后端。它接受一个元素作为参数，没有返回值。removeFront() 从双端队列的前端移除一个元素。它不需要参数，且会返回一个元素，并修改双端队列的内容。

4）removeRear() 从双端队列的后端移除一个元素。它不需要参数，且会返回一个元素，并修改双端队列的内容。

5）isEmpty() 检查双端队列是否为空。它不需要参数，且会返回一个布尔值。

6）size() 返回双端队列中元素的数目。它不需要参数，且会返回一个整数。

假设 d 是一个新创建的空双端队列，表 4-3 展示了对 d 进行一系列操作的结果。注意，前端在列表的右端。记住前端和后端的位置可以防止混淆。

表 4-3　双端队列 d 执行操作结果表

双端队列操作	双端队列内容	返回值
d.isEmpty()	[]	True
d.addRear(4)	[4]	—
d.addRear('dog')	['dog', 4]	—
d.addFront('cat')	['dog', 4, 'cat']	—
d.addFront(True)	['dog', 4, 'cat', True]	—
d.size()	['dog', 4, 'cat', True]	4
d.isEmpty()	['dog', 4, 'cat', True]	False
d.addRear(8.4)	[8.4, 'dog', 4, 'cat', True]	—
d.removeRear()	['dog', 4, 'cat', True]	8.4
d.removeFront()	['dog', 4, 'cat']	True

4.9 用 Python 实现双端队列

和前几节一样，我们通过创建一个新类来实现双端队列抽象数据类型。Python 列表再一次提供了很多简便的方法来帮助我们构建双端队列。在图 4-10 中，我们假设双端队列的后端是列表的位置 0 处。

```
class Deque:
    def __init__(self):
        self.items = []
    def isEmpty(self):
        return self.items == []
    def addFront(self, item):
        self.items.append(item)
def addRear(self, item):
    self.items.insert(0, item)
def removeFront(self):
    return self.items.pop()
def removeRear(self):
    return self.items.pop(0)
def size(self):
    return len(self.items)
```

图 4-10 实现双端队列

removeFront 使用 pop 方法移除列表中的最后一个元素，removeRear 则使用 pop(0) 方法移除列表中的第一个元素。同理，之所以 addRear 使用 insert 方法，是因为 append 方法只能在列表的最后添加元素。

图 4-11 展示了表 4-3 中的双端队列操作及其返回结果。

```
>>> d = Deque()
>>> d.isEmpty()
True
>>> d.addRear(4)
```

图 4-11 双端队列结果

```
>>> d.addRear('dog')
>>> d.addFront('cat')
>>> d.addFront(True)
>>> d.size()
4
>>> d.isEmpty()
False
>>> d.addRear(8.4)
>>> d.removeRear()
8.4
>>> d.removeFront()
True
```

图 4-11　双端队列结果（续）

4.10　参考题

1. 请说明栈和队列的区别。

2. 请你仅使用两个队列实现一个后入先出的栈，并支持普通队列的全部四种操作（push、top、pop 和 empty）。

3. 设计一个支持 push、pop、top 操作，并能在常数时间内检索到最小元素的栈。

push(x) —— 将元素 x 推入栈中。

pop() —— 删除栈顶的元素。

top() —— 获取栈顶元素。

getMin() —— 检索栈中的最小元素。

第 5 章　递归

5.1　引言

递归是解决问题的一种方法，它将问题不断地分成更小的子问题，直到子问题可以用普通的方法解决。通常情况下，递归会使用一个不停调用自己的函数。尽管表面上看起来很普通，但是递归可以帮助我们写出非常优雅的解决方案。对于某些问题，如果不用递归，就很难解决。

5.2　何谓递归

5.2.1　计算一列数之和

我们从一个简单的问题开始学习递归。即使不用递归，我们也知道如何解决这个问题。假设需要计算数字列表 [1, 3, 5, 7, 9] 的和。图 5-1 展示了如何通过循环函数来计算结果。这个函数使用初始值为 0 的累加变量 theSum ，通过把列表中的数加到该变量中来计算所有数的和。

```
def listsum(numList):
    theSum = 0
    for i in numList:
        theSum = theSum + i
    return theSum
```

图 5-1　循环求和函数

假设暂时没有 while 循环和 for 循环。应该如何计算结果呢？如果你是数学家，就会记得加法是接受两个参数（一对数）的函数。将问题从求一列数之和重新定义成求数字对之和，可以将数字列表重写成完全括号表达式，例如 ((((1 + 3) + 5) + 7) + 9)。该表达式还有另一种添加括号的方式，即 (1 + (3 + (5 + (7 + 9))))。注意，最内层的括号对 (7 + 9) 不用循环或者其他特殊语法结构就能直接求解。事实上，可以使用下面的简化步骤来求总和。

总和 = (1 + (3 + (5 + (7 + 9))))

总和 = (1 + (3 + (5 + 16)))

总和 = (1 + (3 + 21))

总和 = (1 + 24)

总和 = 25

如何将上述想法转换成 Python 程序呢？让我们用 Python 列表来重新表述求和问题。数字列表 numList 的总和等于列表中的第一个元素（numList[0]）加上其余元素（numList[1:]）ListSum(numList)=first(numList)+listSum(rest(numList)) 之和。可以用函数的形式来表述这个定义。

first(numList) 返回列表中的第一个元素，rest(numList) 则返回其余元素。用 Python 可以轻松地实现这个等式，如图 5-2 所示。

```
1.  def listsum(numList):
2.      if len(numList) == 1:
3.          return numList [0]
4.      else:
5.          return numList[0] + listsum(numList[1:])
```

图 5-2 递归求和函数

在这一段代码中，有两个重要的思想值得探讨。首先，第 2 行检查列表是否只包含一个元素。这个检查非常重要，同时也是该函数的退出语句。对于长度为 1 的列表，其元素之和就是列表中的数。其次，listsum 函数在第 5 行调用了自己！这就是将 listsum 称为递归函数的原因——递归函数会调用自己。

图 5-3 展示了在求解 [1, 3, 5, 7, 9] 之和时的一系列递归调用。我们需要将这一系列调用看作一系列简化操作。每一次递归调用都是在解决一个更小的问题，如此进行下去，直到问题本身不能再简化为止。

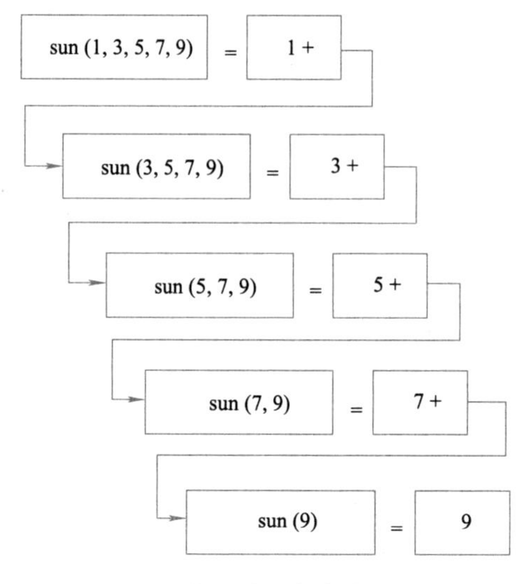

图 5-3　求和过程中的递归调用

当问题无法再简化时，我们开始拼接所有子问题的答案，以此解决最初的问题。图5-4 展示了 listsum 函数在返回一系列调用的结果时进行的加法操作。当它返回到顶层时，就有了最终答案。

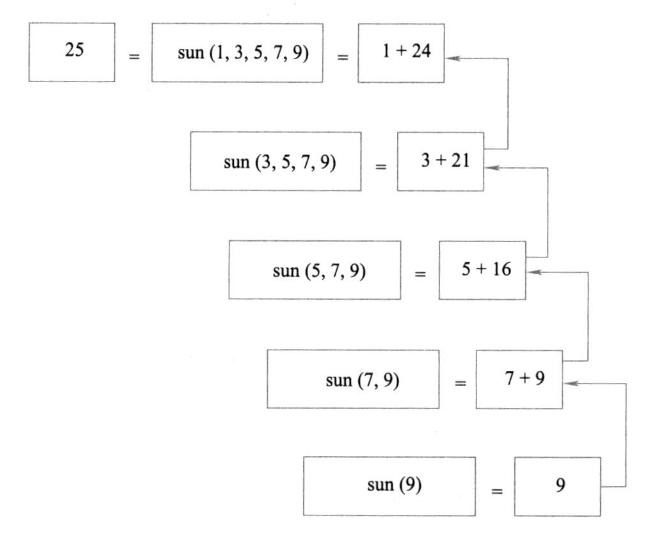

图 5-4　求和过程中的一系列返回操作

5.2.2　递归三原则

正如阿西莫夫提出的机器人三原则一样，所有的递归算法都要遵守三个重要的原则。

1）递归算法必须有基本情况。

2）递归算法必须改变其状态并向基本情况靠近。

3）递归算法必须递归地调用自己。

让我们来看看 listsum 算法是如何遵守上述原则的。基本情况是指使算法停止递归的条件，这通常是小到足以直接解决的问题。listsum 算法的基本情况就是列表的长度为 1。

为了遵守第二条原则，必须设法改变算法的状态，从而使其向基本情况靠近。改变状态是指修改算法所用的某些数据，这通常意味着代表问题的数据以某种方式变得更小。listsum 算法的主数据结构是一个列表，因此必须改变该列表的状态。由于基本情况是列表的长度为 1，因此向基本情况靠近的做法自然就是缩短列表。这正是图 5-2 的第 5 行所做的，即在一个更短的列表上调用 listsum。

最后一条原则是递归算法必须对自身进行调用，这正是递归的定义。对于很多新手程序员来说，递归是令他们颇感困惑的概念。新手程序员知道如何将一个大问题分解成众多小问题，并通过编写函数来解决每一个小问题。然而，递归似乎让他们落入怪圈：有一个需要用函数来解决的问题，但是这个函数通过调用自己来解决问题。其实，递归的逻辑并不是循环，而是将问题分解成更小、更容易解决的子问题。

接下来，我们会讨论更多的递归例子。在每一个例子中，我们都会根据递归三原则来构建问题的解决方案。

5.2.3　将整数转换成任意进制的字符串

假设需要将一个整数转换成以 2 ~ 16 为基数的字符串。例如，将 10 转换成十进制字符串“10”，或者二进制字符串“1010”。尽管很多算法都能解决这个问题，包括 3.3.6 节讨论的算法，但是递归的方式非常巧妙。

以十进制整数 769 为例。假设有一个字符序列对应前 10 个数，比如 convString = “0123456789”。若要将一个小于 10 的数字转换成其对应的字符串，只需在字符序列中查找对应的数字即可。例如，9 对应的字符串是 convString[9] 或者“9”。如果可以将整数 769

拆分成 7、6 和 9，那么将其转换成字符串就十分简单。因此，一个很好的基本情况就是数字小于 10。

上述基本情况说明，整个算法包含三个组成部分。

1）将原来的整数分成一系列仅有单数位的数。

2）通过查表将单数位的数转换成字符串。

3）连接得到的字符串，从而形成结果。

接下来需要设法改变状态并且逐渐向基本情况靠近。思考哪些数学运算可以缩减整数，最有可能的是除法和减法。虽然减法可能有效，但是我们并不清楚应该减去什么数。让我们来看看将需要转换的数字除以对应的进制基数会如何。

将 769 除以 10，商是 76，余数是 9。这样一来，我们便得到两个很好的结果。首先，由于余数小于进制基数，因此可以通过查表直接将其转换成字符串。其次，得到的商小于原整数，这使得我们离基本情况更近了一步。下一步是将 76 转换成对应的字符串。再一次运用除法，得到商 7 和余数 6。问题终于被简化到将 7 转换成对应的字符串，由于它满足基本情况 n < bast（其中 bast 为 10），因此转换过程十分简单。图 5-5 展示了这一系列的操作。注意，我们需要记录的数字是右侧方框内的余数。

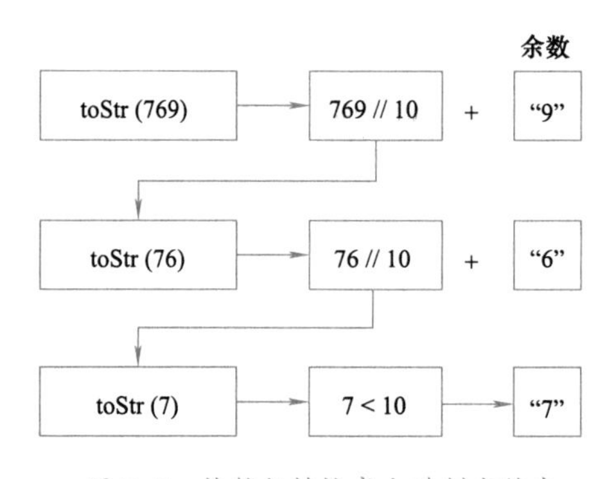

图 5-5　将整数转换成十进制字符串

图 5-6 展示的 Python 代码实现了将整数转换成以 2 ～ 16 为进制基数的字符串。

第 4 行检查是否为基本情况，即 n 小于进制基数。如果是，则停止递归并且从 convertString 中返回字符串。第 7 行通过递归调用以及除法来分解问题，以同时满足第二条和第三条原则。

```
def toStr(n, base):
    convertString = "0123456789ABCDEF"
    if n < base:
        return convertString[n]
    else:
        return toStr(n//base, base) + convertString[n%base]
```

图 5-6 将整数转换成 2 ～ 16 为进制基数的字符串

来看看该算法如何将整数 10 转换成其对应的二进制字符串“1010”。

图 5-7 展示了结果，但是看上去数位的顺序反了。由于第 7 行首先进行递归调用，然后才拼接余数对应的字符串，因此程序能够正确工作。如果将 convertString 查找和返回 toStr 调用反转，结果字符串就是反转的。但是将拼接操作推迟到递归调用返回之后，就能得到正确的结果。说到这里，你应该能想起第 4 章讨论的栈。

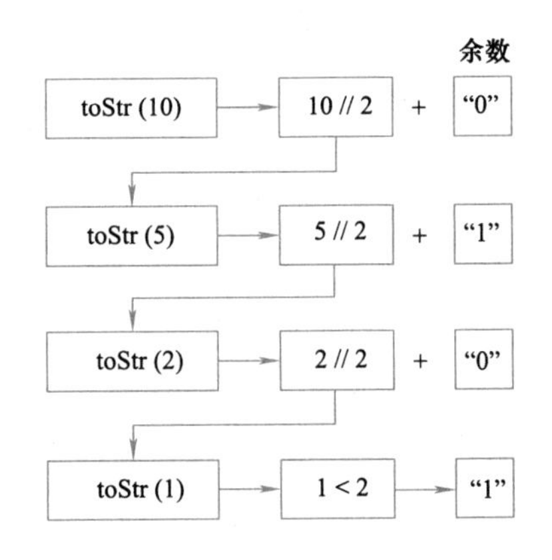

图 5-7 将整数 10 转换成二进制字符串

5.3 栈帧：实现递归

假设不拼接递归调用 toStr 的结果和 convertString 的查找结果，而是在进行递归调用之前把字符串压入栈中。图 5-8 展示了修改后的实现。

```
1.  rStack = Stack()
2.
3.  def toStr(n, base):
4.          convertString = "0123456789ABCDEF"
5.      if n < base:
6.          rStack.push(convertString[n])
7.      else:
8.          rStack.push(convertString[n % base])
9.          toStr(n // base, base)
```

图 5-8 把字符串压入栈中

每一次调用 toStr，都将一个字符压入栈中。回到之前的例子，可以发现在第四次调用 toStr 之后，栈中内容如图 5-9 所示。因此，只需执行出栈操作和拼接操作，就能得到最终结果“1010”。

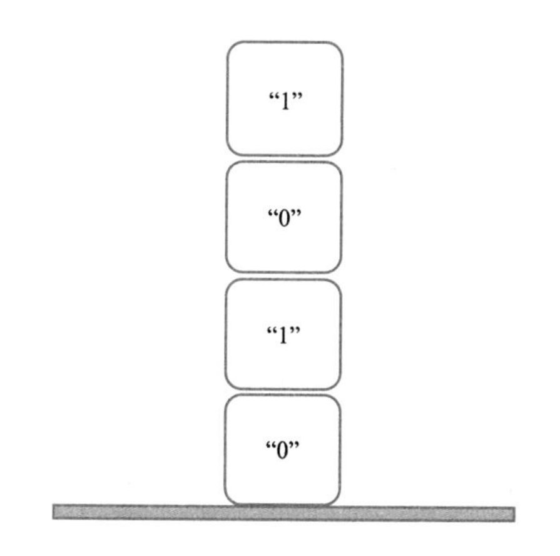

图 5-9 栈中内容

这个例子展示了 Python 如何实现递归函数调用。当调用函数时，Python 分配一个栈帧来处理该函数的局部变量。当函数返回时，返回值就在栈的顶端，以供调用者访问。图5-10 展示了返回语句之后的调用栈。

注意，调用 toStr(2//2, 2) 将返回值“1”放在栈的顶端。之后，这个返回值被用来替换对应的函数调用（toStr(1, 2)）并生成表达式“1” + convertString[2%2]。这一表达式会将字符串“10”留在栈顶。在计算一列数之和的例子中，可以认为栈中的返回值取代了累加变量。

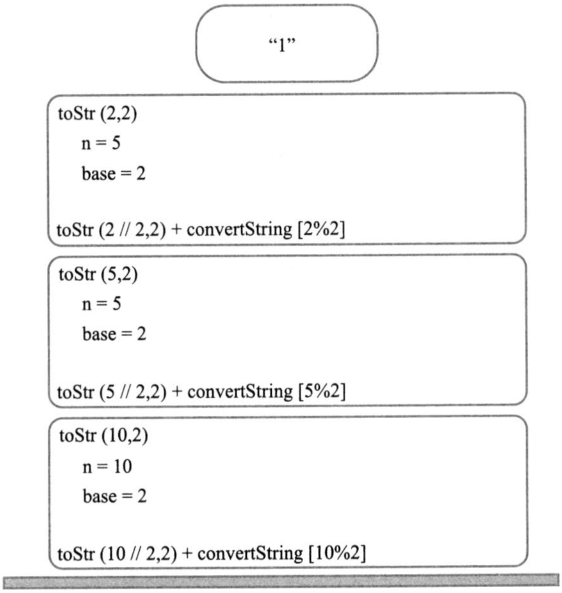

```
"1"

toStr (2,2)
    n = 5
    base = 2

toStr (2 // 2,2) + convertString [2%2]

toStr (5,2)
    n = 5
    base = 2

toStr (5 // 2,2) + convertString [5%2]

toStr (10,2)
    n = 10
    base = 2

toStr (10 // 2,2) + convertString [10%2]
```

图 5-10　调用栈示例

栈帧限定了函数所用变量的作用域。尽管反复调用相同的函数，但是每一次调用都会为函数的局部变量创建新的作用域。

如果记住栈的这种思想，就会发现递归函数写起来很容易。

5.4　递归可视化

前文探讨了一些能用递归轻松解决的问题。但是，要想象递归的样子或者将递归过程可视化仍然十分困难，这使得递归难以掌握。本节将探讨一系列使用递归来绘制有趣图案的例子。看着这些图案一点一点地形成，你会对递归过程有新的认识，从而深刻地理解递归的概念。

我们将使用 Python 的 turtle 模块来绘制图案。Python 的各个版本都提供 turtle 模块，它用起来非常简便。顾名思义，可以用 turtle 模块创建一只小乌龟（turtle）并让它向前或向后移动，或者左转、右转。小乌龟的尾巴可以抬起或放下。当尾巴放下时，移动的小乌龟会在其身后画出一条线。若要增加美观度，可以改变小乌龟尾巴的宽度以及尾尖所蘸墨水的颜色。

让我们通过一个简单的例子来展示小乌龟绘图的过程。使用 turtle 模块递归地绘制螺旋线，如图 5-11 所示。先导入 turtle 模块，然后创建一个小乌龟对象，同时也会创建用于绘制图案的窗口。接下来定义 drawSpiral 函数。这个简单函数的基本情况是，要画的线的长度（参数 len ）降为 0。如果线的长度大于 0，就让小乌龟向前移动 len 个单位距离，然后向右转 90 度。递归发生在用缩短后的距离再一次调用 drawSpiral 函数时。代码清单 4-5 在结尾处调用了 myWin.exitonclick() 函数，这使小乌龟进入等待模式，直到用户在窗口内再次单击之后，程序清理并退出。

```
1.  from turtle import *
2.
3.  myTurtle = Turtle()
4.  myWin = myTurtle.getscreen()
5.
6.  def drawSpiral(myTurtle, lineLen):
7.      if len > 0:
8.          myTurtle.forward(lineLen)
9.          myTurtle.right(90)
10.         drawSpiral(myTurtle, lineLen-5)
11.
12. drawSpiral(myTurtle, 100)
13. myWin.exitonclick()
```

图 5-11　用 turtle 模块递归地绘制螺旋线

理解了这个例子的原理，便能用 turtle 模块绘制漂亮的图案。接下来绘制一棵分形树。分形是数学的一个分支，它与递归有很多共同点。分形的定义是，不论放大多少倍来观察分形图，它总是有相同的基本形状。自然界中的分形例子包括海岸线、雪花、山岭，甚至树木和灌木丛。众多自然现象中的分形本质使得程序员能够用计算机生成看似非常真实的电影画面。下面来生成一棵分形树。

思考如何用分形来描绘一棵树。如前所述，不论放大多少倍，分形图看起来都一样。对于树木来说，这意味着即使是一根小嫩枝也有和一整棵树一样的形状和特征。借助这一思想，可以把树定义为树干，其上长着一棵向左生长的子树和一棵向右生长的子树。因此，可以将树的递归定义运用到它的左右子树上。

让我们将上述想法转换成 Python 代码。图 5–12 展示了如何用 turtle 模块绘制分形树。仔细研究这段代码，会发现第 5 行和第 7 行进行了递归调用。第 5 行在小乌龟向右转了 20 度之后立刻进行递归调用，这就是之前提到的右子树。然后，第 7 行再一次进行递归调用，但这次是在向左转了 40 度以后。之所以需要让小乌龟左转 40 度，是因为它首先需要抵消之前右转的 20 度，然后再继续左转 20 度来绘制左子树。同时注意，每一次进行递归调用时，都从参数 branchLen 中减去一些，这是为了让递归树越来越小。第 2 行的 if 语句会检查 branchLen 是否满足基本情况。

```
1.  def tree(branchLen, t):
2.      if branchLen > 5:
3.          t.forward(branchLen)
4.          t.right(20)
5.          tree(branchLen-15, t)
6.          t.left(40)
7.          tree(branchLen-10, t)
8.          t.right(20)
9.          t.backward(branchLen)
```

图 5–12　绘制分形树 1

请执行分形树的代码，但在此之前，先想象一下绘制出来的树会是什么样？这棵树是如何开枝散叶的？程序是会同时对称地绘制左右子树，还是会先绘制右子树再绘制左子树？在输入 tree 函数的代码之后，可以用图 5–13 所示的代码来绘制一棵树。

注意，树上的每一个分支点都对应一次递归调用，而且程序先绘制右子树，并一路到其最短的嫩枝，如图 5–14 所示。接着，程序一路反向回到树干，以此绘制完右子树，如图 5–15 所示。然后，开始绘制左子树，但并不是一直往左延伸到最左端的嫩枝。相反，左子树自己的右子树被完全画好后才会绘制最左端的嫩枝。

```
>>> from turtle import *
>>> t = Turtle()
>>> myWin = t.getscreen()
>>> t.left(90)
>>> t.up()
>>> t.backward(300)
>>> t.down()
>>> t.color('green')
>>> tree(110, t)
>>> myWin.exitonclick()
```

图 5-13　绘制分形树 2

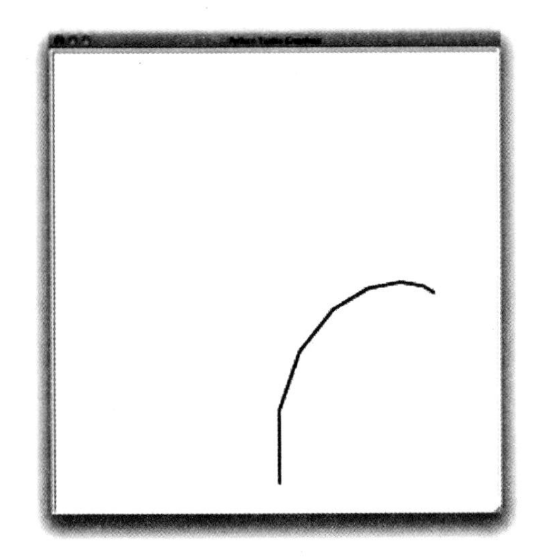

图 5-14　先绘制右子树

图 5-15　分形树的右半部分

这个简单的分形树程序仅仅是一个开始。你会注意到，绘制出来的树看上去并不真实，这是由于自然界并不如计算机程序一样对称。在本章最后的练习中，你将探索如何绘制出看起来更真实的树。

另一个具有自相似性的分形图是谢尔平斯基三角形，如图 5-16 所示。谢尔平斯基三角形展示了三路递归算法。手动绘制谢尔平斯基三角形的过程十分简单：从一个大三角形开始，通过连接每条边的中点将它分割成四个新的三角形；忽略中间的三角形，利用同样的方法分割其余三个三角形。每一次创建一个新三角形集合，都递归地分割三个三角形。

如果笔尖足够细，可以无限地重复这一分割过程。在继续阅读之前，不妨试着亲手绘制谢尔平斯基三角形。

图 5-16　谢尔平斯基三角形

既然可以无限地重复分割算法，那么它的基本情况是什么呢？答案是，基本情况根据我们想要的分割次数设定。这个次数有时被称为分形图的“度”。每进行一次递归调用，就将度减 1，直到度是 0 为止。图 5-17 展示了生成如图 5-16 所示的谢尔平斯基三角形的代码。

图 5-17 中的程序遵循了之前描述的思想。sierpinski 首先绘制外部的三角形，接着进行 3 个递归调用，每一个调用对应生成一个新三角形。本例再一次使用 Python 自带的标准 turtle 模块。在 Python 解释器中执行 help('turtle')，可以详细了解 turtle 模块中的所有方法。

请根据图 5-17 思考三角形的绘制顺序。假设三个角的顺序是左下角、顶角、右下角。由于 sierpinski 的递归调用方式，它会一直在左下角绘制三角形，直到绘制完最小的三角形才会往回绘制剩下的三角形。之后，它会开始绘制顶部的三角形，直到绘制完最小的三角形。最后，它会绘制右下角的三角形，直到全部绘制完成。

```
1.  from turtle import *
2.
3.  def drawTriangle(points, color, myTurtle):
4.      myTurtle.fillcolor(color)
5.      myTurtle.up()
6.      myTurtle.goto(points[0])
7.      myTurtle.down()
8.      myTurtle.begin_fill()
9.      myTurtle.goto(points[1])
10.     myTurtle.goto(points[2])
11.     myTurtle.goto(points[0])
12.     myTurtle.end_fill()
13.
14. def getMid(p1, p2):
15.     return ( (p1[0]+p2[0]) /2, (p1[1] + p2[1]) / 2)
16.
17. def sierpinski(points, degree, myTurtle):
18.     colormap = ['blue', 'red', 'green', 'white', 'yellow',
19.                 'violet', 'orange']
20.     drawTriangle(points, colormap[degree], myTurtle)
21.     if degree > 0:
22.         sierpinski([points[0],
23.                         getMid(points[0], points[1]),
24.                         getMid(points[0], points[2])],
25.                     degree-1, myTurtle)
26.         sierpinski([points[1],
27.                         getMid(points[0], points[1]),
28.                         getMid(points[1], points[2])],
29.                     degree-1, myTurtle)
30.         sierpinski([points[2],
31.                         getMid(points[2], points[1]),
32.                         getMid(points[0], points[2])],
33.                     degree-1, myTurtle)
34.
35. myTurtle = Turtle()
36. myWin = myTurtle.getscreen()
37. myPoints = [(-500, -250), (0, 500), (500, -250)]
38. sierpinski(myPoints, 5, myTurtle)
39. myWin.exitonclick()
```

图 5-17　绘制谢尔平斯基三角形

函数调用图有助于理解递归算法。由图 5-18 可知，递归调用总是往左边进行的。在图中，黑线表示正在执行的函数，灰线表示没有被执行的函数。越深入到该图的底部，三角形就越小。函数一次完成一层的绘制；一旦它绘制好底层左边的三角形，就会接着绘制底层中间的三角形，依此类推。

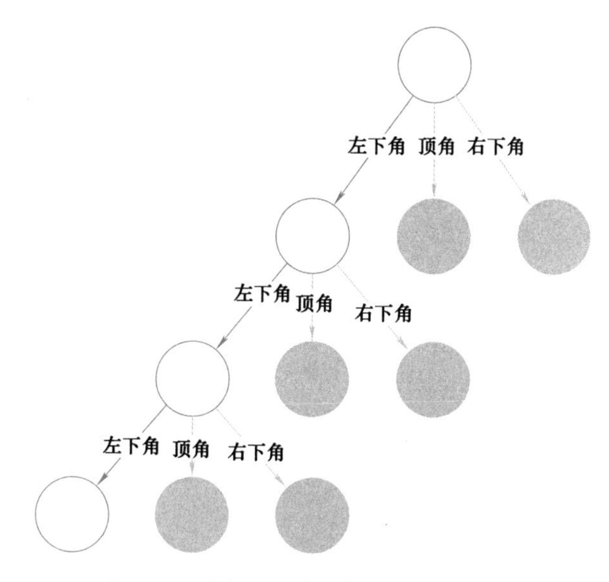

图 5-18　谢尔平斯基三角形的函数调用图

sierpinski 函数非常依赖于 getMid 函数，后者接受两个点作为输入，并返回它们的中点。此外，上述代码中有一个函数使用 turtle 模块的 begin_fill 和 end_fill 绘制带颜色的三角形。这意味着谢尔平斯基三角形的每一层都有不同的颜色。

5.5　复杂的递归问题

前几节探讨了一些容易用递归解决的问题，以及有助于理解递归的一些有趣的绘图问题。本节将探讨一些用循环难以解决却能用递归轻松解决的问题。最后会探讨一个颇具欺骗性的问题。它看上去可以用递归巧妙地解决，但是实际上并非如此。

汉诺塔问题由法国数学家爱德华 · 卢卡斯于 1883 年提出。他的灵感是一个与印度寺庙有关的传说，相传这座寺庙里的年轻修行者试图解决这个难题。起初，修行者有 3 根柱子和 64 个依次叠好的金盘子，下面的盘子大，上面的盘子小。修行者的任务是将 64 个叠好的盘子从一根柱子移动到另一根柱子，同时有两个重要的限制条件：每次只能移动一个盘子，并且大盘子不能放在小盘子之上。修行者夜以继日地移动盘子（每一秒移动一个盘子），试图完成任务。根据传说，如果他们完成这项任务，整座寺庙将倒塌，整个世界也将消失。

尽管这个传说非常有意思，但是并不需要担心世界会因此而毁灭。要正确移动 64 个盘子，所需的步数是 $2^{64}-1=18\ 446\ 744\ 073\ 709\ 551\ 615$。根据每秒移动一次的速度，整个过程大约需要 584 942 417 355 年！显然，这个谜题并不像听上去那么简单。

图 5-19 展示了一个例子，这是在将所有盘子从第一根柱子移到第三根柱子的过程中的一个中间状态。注意，根据前面说明的规则，每一根柱子上的盘子都是从下往上由大到小依次叠起来的。如果你之前从未求解过这个问题，不妨现在就试一下。不需要精致的盘子和柱子，一堆书或者一叠纸就足够了。

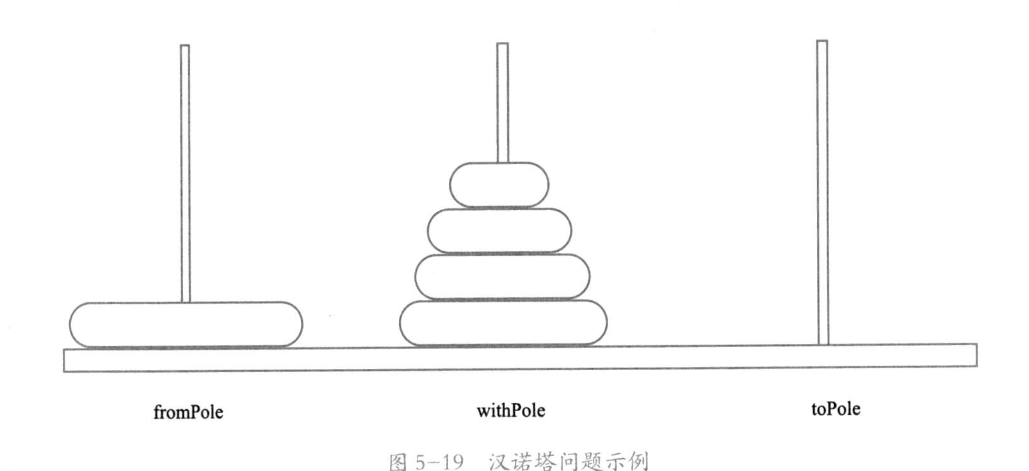

图 5-19　汉诺塔问题示例

如何才能递归地解决这个问题呢？它真的可解吗？基本情况是什么？让我们自底向上地来考虑这个问题。假设第一根柱子起初有 5 个盘子。如果我们知道如何把上面 4 个盘子移动到第二根柱子上，那么就能轻易地把最底下的盘子移动到第三根柱子上，然后将 4 个盘子从第二根柱子移动到第三根柱子。但是如果不知道如何移动 4 个盘子，该怎么办呢？如果我们知道如何把上面 3 个盘子移动到第三根柱子上，那么就能轻易地把第 4 个盘子移动到第二根柱子上，然后再把 3 个盘子从第三根柱子移动到第二根柱子。但是如果不知道如何移动 3 个盘子，该怎么办呢？移动两个盘子到第二根柱子，然后把第 3 个盘子移动到第三根柱子，最后把之前的两个盘子移过来，怎么样？但是如果还是不知道如何移动两个盘子，该怎么办呢？你肯定会说，把一个盘子移动到第三根柱子并不难，甚至会说太简单。这看上去就是本例的基本情况。

以下概述如何借助一根中间柱子，将高度为 height 的一叠盘子从起点柱子移到终点柱子。

1）借助终点柱子，将高度为 height − 1 的一叠盘子移到中间柱子。

2）将最后一个盘子移到终点柱子。

3）借助起点柱子，将高度为 height − 1 的一叠盘子从中间柱子移到终点柱子。

只要总是遵守大盘子不能叠在小盘子之上的规则，就可以递归地执行上述步骤，就像最下面的大盘子不存在一样。上述步骤仅缺少对基本情况的判断。最简单的汉诺塔只有一个盘子。在这种情况下，只需将这个盘子移到终点柱子即可，这就是基本情况。此外，上述步骤通过逐渐减小高度 height 来向基本情况靠近。图 5-20 展示了解决汉诺塔问题的 Python 代码。

```
1.  def moveTower(height, fromPole, toPole, withPole):
2.  if height >= 1:
3.      moveTower(height-1, fromPole, withPole, toPole)
4.      moveDisk(fromPole, toPole)
5.      moveTower(height-1, withPole, toPole, fromPole)
```

图 5-20　解决汉诺塔问题的 Python 代码

图 5-20 中的代码几乎和用英语描述一样。算法如此简洁的关键在于进行两个递归调用，分别在第 3 行和第 5 行。第 3 行将除了最后一个盘子以外的其他所有盘子从起点柱子移到中间柱子。第 4 行简单地将最后一个盘子移到终点柱子。第 5 行将之前多个盘子构成的塔从中间柱子移到终点柱子，并将其放置在最大的盘子之上。基本情况是高度为 0。此时，不需要做任何事情，因此 moveTower 函数直接返回。这样处理基本情况时需要记住，从 moveTower 返回才能调用 moveDisk。

moveDisk 函数非常简单，如图 5−21 所示。它所做的就是打印出一条消息，说明将盘子从一根柱子移到另一根柱子。不妨尝试运行 moveTower 程序，你会发现它是非常高效的解决方案。

```
1.  def moveDisk(fp, tp):
2.      print( "moving disk from %d to %d\n" % (fp, tp))
```

图 5−21　moveDisk 函数

看完 moveTower 和 moveDisk 的实现代码，你可能会疑惑为什么没有一个数据结构显式地保存柱子的状态。下面是一个提示：若要显式地保存柱子的状态，就需要用到 3 个 Stack 对象，一根柱子对应一个栈。Python 通过调用栈隐式地提供了我们所需的栈，就像在 toStr 的例子中一样。

5.6　探索迷宫

本节探讨一个与蓬勃发展的机器人领域相关的问题——走出迷宫。如果你有一个 Roomba 扫地机器人，或许能利用在本节学到的知识对它进行重新编程。我们要解决的问题是帮助小乌龟走出虚拟的迷宫。迷宫问题源自忒修斯大战牛头怪的古希腊神话传说。相传，在迷宫里杀死牛头怪之后，忒修斯用一个线团找到了迷宫的出口。本节假设小乌龟被放置在迷宫里的某个位置，我们要做的是帮助它爬出迷宫，如图 5−22 所示。

为简单起见，假设迷宫被分成许多格，每一格要么是空的，要么被墙堵上。小乌龟只能沿着空的格子爬行，如果遇到墙，就必须转变方向。它需要如下的系统化过程来找到出路。

1）从起始位置开始，首先向北移动一格，然后在新的位置再递归地重复本过程。

2）如果第一步往北行不通，就尝试向南移动一格，然后递归地重复本过程。

3）如果向南也行不通，就尝试向西移动一格，然后递归地重复本过程。

4）如果向北、向南和向西都不行，就尝试向东移动一格，然后递归地重复本过程。

5）如果 4 个方向都不行，就意味着没有出路。

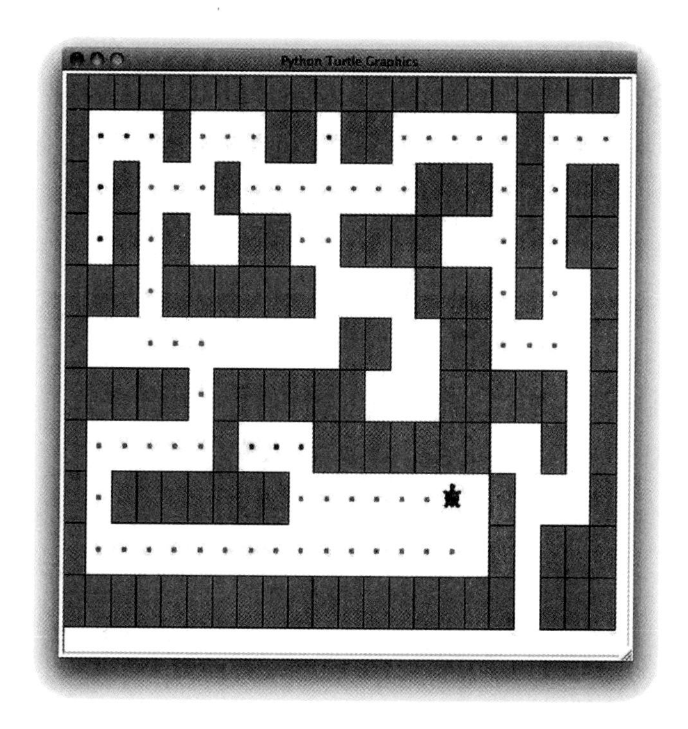

图 5-22　帮小乌龟爬出迷宫

整个过程看上去非常简单，但是有许多细节需要讨论。假设递归过程的第一步是向北移动一格。根据上述过程，下一步也是向北移动一格。但是，如果北面有墙，必须根据递归过程的第二步向南移动一格。不幸的是，向南移动一格之后回到了起点。如果继续执行该递归过程，就会又向北移动一格，然后又退回来，从而陷入无限循环中。所以，必须通过一个策略来记住到过的地方。本例假设小乌龟一边爬，一边丢面包屑。如果往某个方向走一格之后发现有面包屑，就知道应该立刻退回去，然后尝试递归过程的下一步。查看这个算法的代码时会发现，退回去就是从递归函数调用中返回。

和考察其他递归算法时一样，让我们来看看上述算法的基本情况，其中一些可以根据之前的描述猜到。这个算法需要考虑以下 4 种基本情况。

1）小乌龟遇到了墙。由于格子被墙堵上，因此无法再继续探索。

2）小乌龟遇到了已经走过的格子。在这种情况下，我们不希望它继续探索，不然会陷入循环。

3）小乌龟找到了出口。

4）四个方向都行不通。

为了使程序运行起来，需要通过一种方式表示迷宫。我们使用 turtle 模块来绘制和探索迷宫，以增加趣味性。迷宫作为一个编程对象，它将提供以下方法，用于编写搜索算法。

1）__init__ 读入一个代表迷宫的数据文件，初始化迷宫的内部表示，并且找到小乌龟的起始位置。

2）drawMaze 在屏幕上的一个窗口中绘制迷宫。

3）updatePosition 更新迷宫的内部表示，并且修改小乌龟在迷宫中的位置。

4）isExit 检查小乌龟的当前位置是否为迷宫的出口。

除此之外，Maze 类还重载了索引运算符 []，以便算法访问任一格的状态。

图 5-23 展示了搜索函数 searchFrom 的代码。该函数接受 3 个参数：迷宫对象、起始行，以及起始列。由于该函数的每一次递归调用在逻辑上都是重新开始搜索的，因此定义成接受 3 个参数非常重要。

```
1.   def searchFrom(maze, startRow, startColumn):
2.       maze.updatePosition(startRow, startColumn)
3.       # 检查基本情况
4.       # 1. 遇到墙
5.       if maze[startRow][startColumn] == OBSTACLE:
6.           return False
7.       # 2. 遇到已经走过的格子
8.       if maze[startRow][startColumn] == TRIED:
9.           return False
10.      # 3. 找到出口
11.      if maze.isExit(startRow, startColumn):
12.          maze.updatePosition(startRow, startColumn, PART_OF_PATH)
13.          return True
14.      maze.updatePosition(startRow, startColumn, TRIED)
15.
16.      # 否则，依次尝试向 4 个方向移动
17.      found = searchFrom(maze, startRow-1, startColumn) or \
18.              searchFrom(maze, startRow+1, startColumn) or \
```

图 5-23　迷宫搜索函数 searchFrom

```
19.                searchFrom(maze, startRow, startColumn-1) or \
20.                searchFrom(maze, startRow, startColumn+1)
21.        if found:
22.            maze.updatePosition(startRow, startColumn, PART_OF_PATH)
23.        else:
24.            maze.updatePosition(startRow, startColumn, DEAD_END)
25.        return found
```

图 5-23　迷宫搜索函数 searchFrom（续）

该函数做的第一件事就是调用 updatePosition（第 2 行）。这样做是为了对算法进行可视化，以便我们看到小乌龟如何在迷宫中寻找出口。接着，该函数检查前 3 种基本情况：是否遇到了墙（第 5 行）？是否遇到了已经走过的格子（第 8 行）？是否找到了出口（第 11 行）？如果没有一种情况符合，则继续递归搜索。

递归搜索调用了 4 个 searchFrom。很难预测一共会进行多少个递归调用，这是因为它们都是用布尔运算符 or 连接起来的。如果第一次调用 searchFrom 后返回 True，那么就不必进行后续的调用。可以这样理解：向北移动一格是离开迷宫路径上的一步。如果向北没有能够走出迷宫，那么就会尝试下一个递归调用，即向南移动。如果向南失败了，就尝试向西，最后向东。如果所有的递归调用都失败了，就说明遇到了死胡同。请下载或自己输入代码，改变 4 个递归调用的顺序，看看结果如何。

Maze 类的方法定义如图 5-24 ~ 图 5-25 所示。__init__ 方法只接受一个参数，即文件名。该文本文件包含迷宫的信息，其中 + 代表墙，空格代表空的格子，S 代表起始位置。图 5-26 是迷宫数据文件的例子，迷宫的内部表示为一个列表，其元素也是列表。实例变量 mazelist 的每一行是一个列表，其中每一格包含一个字符。

```
1.  class Maze:
2.      def __init__(self, mazeFileName):
3.          rowsInMaze = 0
4.          columnsInMaze = 0
5.          self.mazelist = []
6.          mazeFile = open(mazeFileName, 'r' )
```

图 5-24　maze 类 1

```
7.          rowsInMaze = 0
8.          for line in mazeFile:
9.              rowList = []
10.             col=0
11.             for ch in line[:-1]:
12.                 rowList.append(ch)
13.                 if ch == 'S' :
14.                     self.startRow = rowsInMaze
15.                     self.startCol = col
16.                 col = col + 1
17.             rowsInMaze = rowsInMaze + 1
18.             self.mazelist.append(rowList)
19.             columnsInMaze = len(rowList)
20.
21.         self.rowsInMaze = rowsInMaze
22.         self.columnsInMaze = columnsInMaze
23.         self.xTranslate = -columnsInMaze/2
24.         self.yTranslate = rowsInMaze/2
25.         self.t = Turtle(shape= 'turtle' )
26.         setup(width=600, height=600)
27.         setworldcoordinates(-(columnsInMaze-1)/2-.5,
28.                             -(rowsInMaze-1)/2-.5,
29.                             (columnsInMaze-1)/2+.5,
30.                             (rowsInMaze-1)/2+.5)
```

图 5-24 maze 类 1（续）

```
1.      def drawMaze(self):
2.          for y in range(self.rowsInMaze):
3.              for x in range(self.columnsInMaze):
4.                  if self.mazelist[y][x] == OBSTACLE:
5.                      self.drawCenteredBox(x+self.xTranslate,
6.                                           -y+self.yTranslate,
7.                                           'tan' )
8.          self.t.color( 'black' , 'blue' )
9.
10.     def drawCenteredBox(self, x, y, color):
```

图 5-25 maze 类 2

```
11.             tracer(0)
12.             self.t.up()
13.             self.t.goto(x-.5, y-.5)
14.             self.t.color( 'black' , color)
15.             self.t.setheading(90)
16.             self.t.down()
17.             self.t.begin_fill()
18.             for i in range(4):
19.                 self.t.forward(1)
20.                 self.t.right(90)
21.             self.t.end_fill()
22.             update()
23.             tracer(1)
24.
25.         def moveTurtle(self, x, y):
26.             self.t.up()
27.             self.t.setheading(self.t.towards(x+self.xTranslate,
28.                                              -y+self.yTranslate))
29.             self.t.goto(x+self.xTranslate, -y+self.yTranslate)
30.
31.         def dropBreadcrumb(self, color):
32.             self.t.dot(color)
33.
34.         def updatePosition(self, row, col, val=None):
35.             if val:
36.                 self.mazelist[row][col] = val
37.             self.moveTurtle(col, row)
38.
39.             if val == PART_OF_PATH:
40.                 color = 'green'
41.             elif val == OBSTACLE:
42.                 color = 'red'
43.             elif val == TRIED:
44.                 color = 'black'
45.             elif val == DEAD_END:
46.                 color = 'red'
47.             else:
```

图 5-25　maze 类 2（续）

```
48.             color = None
49.
50.         if color:
51.             self.dropBreadcrumb(color)
```

图 5-25 maze 类 2（续）

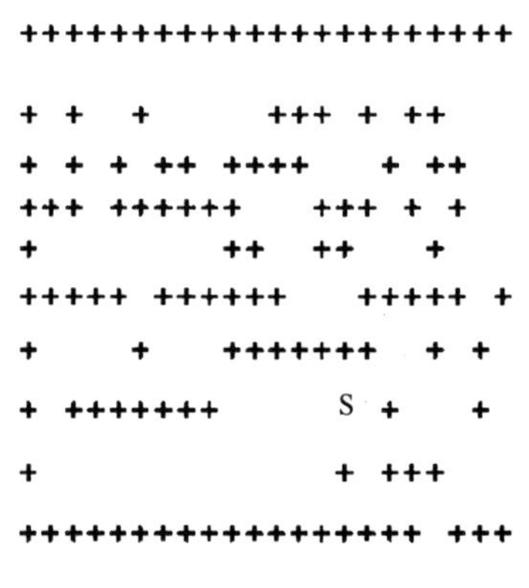

图 5-26 迷宫数据文件示例

drawMaze 方法使用以上内部表示在屏幕上绘制初始的迷宫。

updatePosition 方法使用相同的内部表示检查小乌龟是否遇到了墙。同时，它会更改内部表示，使用 . 和 - 来分别表示小乌龟遇到了走过的格子和死胡同。此外，updatePosition 方法还使用辅助函数 moveTurtle 和 dropBreadcrumb 来更新屏幕上的信息。

isExit 方法检查小乌龟的当前位置是否为出口，条件是小乌龟已经爬到迷宫边缘：第 0 行、第 0 列、最后一行或者最后一列。

5.7 动态规划

许多计算机程序被用于优化某些值，例如找到两点之间的最短路径，为一组数据点找到最佳拟合线，或者找到满足一定条件的最小对象集合。计算机科学家采用很多策略来解决这些问题。本书的一个目标就是帮助你了解不同的问题解决策略。在解决优化问题时，一个策略是动态规划。

优化问题的一个经典例子就是在找零时使用最少的硬币。假设某个自动售货机制造商希望在每笔交易中给出最少的硬币。一个顾客使用一张 1 美元的纸币购买了价值 37 美分的物品，最少需要找给该顾客多少硬币呢？答案是 6 枚：25 美分的 2 枚，10 美分的 1 枚，1 美分的 3 枚。该如何计算呢？从面值最大的硬币（25 美分）开始，使用尽可能多的硬币，然后尽可能多地使用面值第二大的硬币。这种方法叫作贪婪算法——试图最大限度地解决问题。

不过，假如除了常见的 1 美分、5 美分、10 美分和 25 美分，硬币的面值还有 21 美分，那么贪婪算法就没法正确地为找零 63 分的情况得出最少硬币数。尽管多了 21 美分的面值，贪婪算法仍然会得到 6 枚硬币的结果（读者可以自行计算为什么是 6 枚），而最优解是 3 枚面值为 21 分的硬币。

让我们来考察一种必定能得到最优解的方法。由于本章的主题是递归，因此你可能已经猜到，这是一种递归方法。首先确定基本情况：如果要找的零钱金额与硬币的面值相同，那么只需找 1 枚硬币即可。

如果要找的零钱金额和硬币的面值不同，则有多种选择：1 枚 1 美分的硬币加上找零金额减去 1 美分之后所需的硬币；1 枚 5 美分的硬币加上找零金额减去 5 美分之后所需的硬币；1 枚 10 美分的硬币加上找零金额减去 10 美分之后所需的硬币；1 枚 25 美分的硬币加上找零金额减去 25 美分之后所需的硬币。我们需要从中找到硬币数最少的情况。

图 5-27 实现了上述算法。第 3 行检查是否为基本情况：尝试使用 1 枚硬币找零。如果没有一个硬币面值与找零金额相等，就对每一个小于找零金额的硬币面值进行递归调用。第 6 行使用列表循环来筛选出小于当前找零金额的硬币面值。第 7 行的递归调用将找零金额减去所选的硬币面值，并将所需的硬币数加 1，以表示使用了 1 枚硬币。

图 5-27 的问题是，它的效率非常低。事实上，针对找零金额是 63 分的情况，它需要进行 67 716 925 次递归调用才能找到最优解。图 5-28 有助于理解该算法的严重缺陷，针对找零金额是 26 分的情况，该算法需要进行 377 次递归调用，图中仅展示了其中的一小部分。

在图 5-28 中，每一个节点都对应一次对 recMC 的调用，节点中的数字表示此时正在计算的找零金额，箭头旁的数字表示刚使用的硬币面值。从图中可以发现，采用不同的面值组合，可以到达任一节点。主要的问题是重复计算量太大。举例来说，数字为 15 的节点出现了 3 次，每次都会进行 52 次函数调用。显然，该算法将大量时间和资源浪费在了重复计算已有的结果上。

```
1.  def recMC(coinValueList, change):
2.      minCoins = change
3.      if change in coinValueList:
4.          return 1
5.      else:
6.          for i in [c for c in coinValueList if c <= change]:
7.              numCoins = 1 + recMC(coinValueList, change-i)
8.              if numCoins < minCoins:
9.                  minCoins = numCoins
10.     return minCoins
11.
12. recMC([1, 5, 10, 25], 63)
```

图 5-27　找零问题的递归解决方案

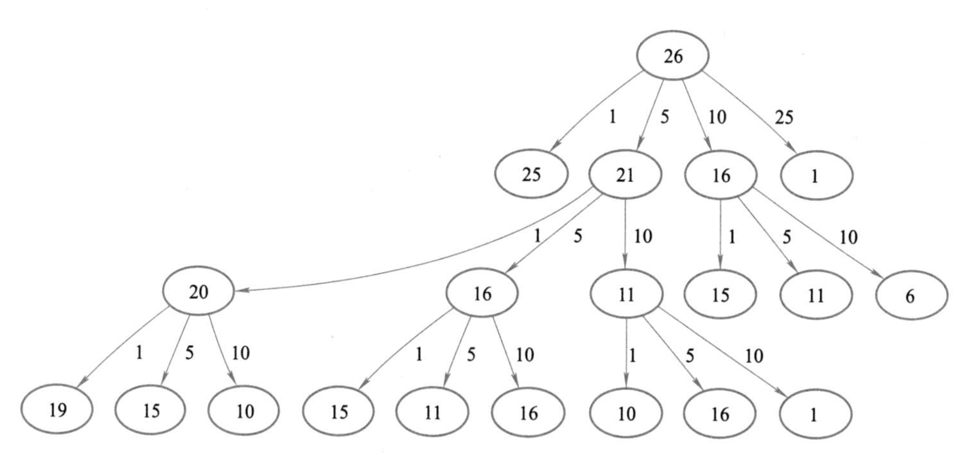

图 5-28　递归调用树

减少计算量的关键在于记住已有的结果。简单的做法是把最少硬币数的计算结果存储在一张表中，并在计算新的最少硬币数之前，检查结果是否已在表中。如果是，就直接使用结果，而不是重新计算。图 5-29 实现了添加查询表之后的找零算法。

注意，第6行会检查查询表中是否已经有某个找零金额对应的最少硬币数。如果没有，就递归地计算并且把得到的最少硬币数结果存在表中。修改后的算法将计算找零63分所需的递归调用数降低到221次！

尽管图5-29实现的算法能得到正确的结果，但是它不太正规。如果查看knownResults表，会发现其中有一些空白的地方。事实上，我们所做的优化并不是动态规划，而是通过记忆化（或者叫作缓存）的方法来优化程序的性能。

```
1.  def recDC(coinValueList, change, knownResults):
2.      minCoins = change
3.      if change in coinValueList:
4.          knownResults[change] = 1
5.          return 1
6.      elif knownResults[change] > 0:
7.          return knownResults[change]
8.      else:
9.          for i in [c for c in coinValueList if c <= change]:
10.             numCoins = 1 + recDC(coinValueList, change-i,
11.                                  knownResults)
12.             if numCoins < minCoins:
13.                 minCoins = numCoins
14.                 knownResults[change] = minCoins
15.     return minCoins
16.
17. recDC([1, 5, 10, 25], 63, [0]*63)
```

图5-29 添加查询表之后的找零算法

真正的动态规划算法会用更系统化的方法来解决问题。在解决找零问题时，动态规划算法会从1分找零开始，然后系统地一直计算到所需的找零金额。这样做可以保证在每一步都已经知道任何小于当前值的找零金额所需的最少硬币数。

让我们来看看如何将找零11分所需的最少硬币数填入查询表，图5-30展示了这个过程。从1分开始，只需找1枚1分的硬币。第2行展示了1分和2分所需的最少硬币数。同理，2分只需找2枚1分的硬币。第5行开始变得有趣起来，此时我们有2个可选方案：要么找5枚1分的硬币，要么找1枚5分的硬币。哪个方案更好呢？查表后发现，4分所需的最少硬币数是 4，再加上 1 枚 1 分的硬币就得到 5 分（共需要 5 枚硬币）；如果直接找 1 枚 5 分的硬币，则最少硬币数是 1。由于 1 比 5 小，因此我们把 1 存入表中。接着来看 11 分的情况，我们有 3 个可选方案，如图 5-31 所示。

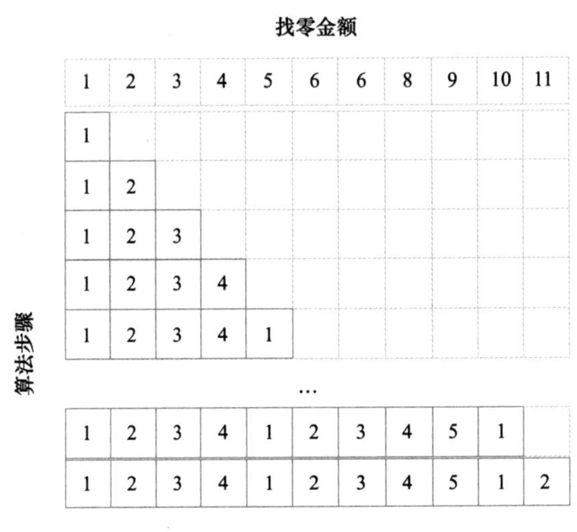

图 5-30　找零算法所用的查询表

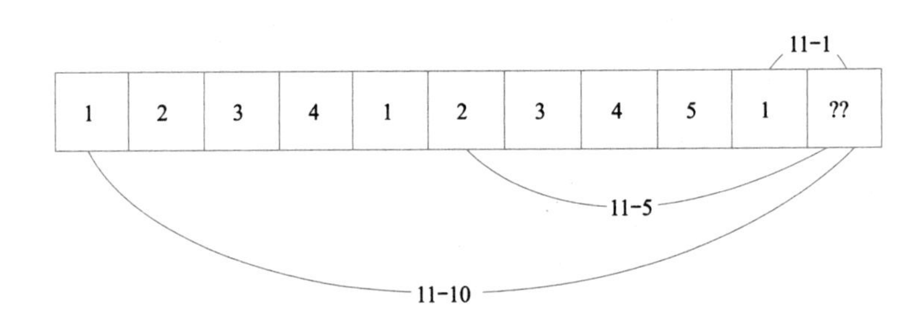

图 5-31　找零 11 分时的 3 个可选方案

1）1 枚 1 分的硬币加上找 10 分零钱（11–1）最少需要的硬币（1 枚）。

2）1 枚 5 分的硬币加上找 6 分零钱（11–5）最少需要的硬币（2 枚）。

3）1 枚 10 分的硬币加上找 1 分零钱（11–10）最少需要的硬币（1 枚）。

第 1 个和第 3 个方案均可得到最优解，即共需要 2 枚硬币。

找零问题的动态规划解法如图 5-32 所示。dpMakeChange 接受 3 个参数：硬币面值列表、找零金额，以及由每一个找零金额所需的最少硬币数构成的列表。当函数运行结束时，minCoins 将包含找零金额从 0 到 change 的所有最优解。

```
1.  def dpMakeChange(coinValueList, change, minCoins):
2.      for cents in range(change+1):
3.          coinCount = cents
4.          for j in [c for c in coinValueList if c <= cents]:
5.              if minCoins[cents-j] + 1 < coinCount:
6.                  coinCount = minCoins[cents -j]+1
7.          minCoins[cents] = coinCount
8.      return minCoins[change]
```

图 5-32　用动态规划算法解决找零问题

注意，尽管我们一开始使用递归方法来解决找零问题，但是 dpMakeChange 并不是递归函数。请记住，能够用递归方法解决问题，并不代表递归方法是最好或最高效的方法。动态规划函数所做的大部分工作是从第 4 行开始的循环。该循环针对由 cents 指定的找零金额考虑所有可用的面值。和找零 11 分的例子一样，我们把最少硬币数记录在 minCoins 表中。

尽管找零算法在寻找最少硬币数时表现出色，但是由于没有记录所用的硬币，因此它并不能帮助我们进行实际的找零工作。通过记录 minCoins 表中每一项所加的硬币，可以轻松扩展 dpMakeChange ，从而记录所用的硬币。如果知道上一次加的硬币，便可以减去其面值，从而找到表中前一项，并通过它知晓之前所加的硬币。图 5-33 展示了修改后的 dpMakeChange 算法，以及从表中回溯并打印所用硬币的 printCoins 函数。

```
1.  def dpMakeChange(coinValueList, change, minCoins, coinsUsed):
2.      for cents in range(change+1):
3.          coinCount = cents
4.          newCoin = 1
5.          for j in [c for c in coinValueList if c <= cents]:
6.              if minCoins[cents-j] + 1 < coinCount:
7.                  coinCount = minCoins[cents -j]+1
8.                  newCoin = j
9.          minCoins[cents] = coinCount
```

图 5-33　修改后的动态规划解法

```
10.                coinsUsed[cents] = newCoin
11.        return minCoins[change]
12.
13.    def printCoins(coinsUsed, change):
14.        coin = change
15.        while coin > 0:
16.            thisCoin = coinsUsed[coin]
17.            print(thisCoin)
18.            coin = coin - thisCoin
```

图 5-33　修改后的动态规划解法（续）

最后，来看看动态规划算法如何处理硬币面值含 21 分的情况，如图 5-34 所示。前 3 行创建要使用的硬币列表。接着创建用来存储结果的列表。coinsUsed 是一个列表，列表中存储的数据用于找零的硬币。coinCount 是最少硬币数。

```
>>> cl = [1, 5, 10, 21, 25]
>>> coinsUsed = [0]*64
>>> coinCount = [0]*64
>>> dpMakeChange(cl, 63, coinCount, coinsUsed)
3
>>> printCoins(coinsUsed, 63)
21
21
21
>>> printCoins(coinsUsed, 52)
10
21
21
>>> coinsUsed
[1, 1, 1, 1, 1, 5, 1, 1, 1, 1, 10, 1, 1, 1, 1, 5, 1, 1, 1, 1,
   10, 21, 1, 1, 1, 25, 1, 1, 1, 1, 5, 10, 1, 1, 1, 10, 1, 1, 1,
   1, 5, 10, 21, 1, 1, 10, 21, 1, 1, 1, 25, 1, 10, 1, 1, 5, 10,
   1, 1, 1, 10, 1, 10, 21]
```

图 5-34　用动态划规算法处理硬币面值含 21 分的情况

注意，硬币的打印结果直接取自 coinsUsed。第一次调用 printCoins 时，从 coinsUsed 的位置 63 处开始，打印出 21；然后计算 63–21=42，接着查看列表的第 42 个元素。这一次，又遇到了21。最后，第21个元素也是21。由此，便得到3枚21分的硬币。

5.8　参考题

1. 写一个函数，输入 n，求斐波那契（Fibonacci）数列的第 n 项（即 $F(N)$）。斐波那契数列的定义如下：

$F(0) = 0$，$F(1) = 1$

$F(N) = F(N-1) + F(N-2)$，其中 $N > 1$.

斐波那契数列由0和1开始，之后的斐波那契数就是由之前的两数相加而得出。

2. 一只青蛙一次可以跳上1级台阶，也可以跳上2级台阶。求该青蛙跳上一个 n 级的台阶总共有多少种跳法？

第 6 章　搜索和排序

6.1　引言

搜索和排序是最常见的计算机科学问题。比如打开淘宝，搜索某个商品，这一步便是从众多的商品中，搜索出你想要购买的商品。搜索到的商品一般也会有很多，这个时候，就会有排序的功能出现，比如按价格排序、按销售量排序等。本章我们将学习基本的搜索和排序算法。

6.2　搜索

搜索是指从元素集合中找到某个特定元素的算法过程。搜索过程通常返回 True 或 False，分别表示元素是否存在。有时，可以修改搜索过程，使其返回目标元素的位置。不过，本节仅考虑元素是否存在。

Python 提供了运算符 in，通过它可以方便地检查元素是否在列表中，如图 6-1 所示。

```
>>> 15 in [3, 5, 2, 4, 1]
False
>>> 3 in [3, 5, 2, 4, 1]
True
>>>
```

图 6-1　in 的使用

尽管写起来很方便，但是必须经过一个深层的处理过程才能获得结果。事实上，搜索算法有很多种，我们感兴趣的是这些算法的原理及其性能差异。

6.2.1　顺序搜索

存储于列表等集合中的数据项彼此存在线性或顺序的关系，每个数据项的位置与其他数据项相关。在 Python 列表中，数据项的位置就是它的下标。因为下标是有序的，所以能够顺序访问，由此可以进行顺序搜索。

图 6-2 展示了顺序搜索的原理。从列表中的第一个元素开始，沿着默认的顺序逐个查看，直到找到目标元素或者查完列表。如果查完列表后仍没有找到目标元素，则说明目标元素不在列表中。

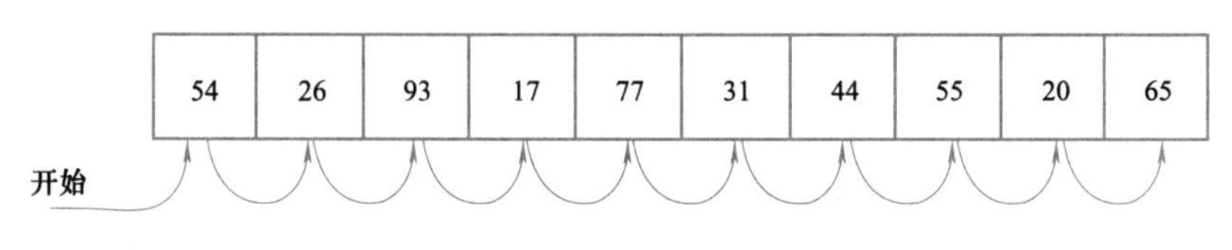

图 6-2　在整数列表中进行顺序搜索

顺序搜索算法的 Python 实现如图 6-3 所示。这个函数接受列表与目标元素作为参数，并返回一个表示目标元素是否存在的布尔值。布尔型变量 found 的初始值为 False，如果找到目标元素，就将它的值改为 True。

```
def sequentialSearch(alist, item):
    pos = 0
    found = False

    while pos < len(alist) and not found:
        if alist[pos] == item:
            found = True
        else:
            pos = pos +1
    return found
```

图 6-3　无序列表的顺序搜索

在分析搜索算法之前，需要定义计算的基本单元，这是解决此类问题的第一步。对于搜索来说，统计比较次数是有意义的。每一次比较只有两个结果：要么找到目标元素，要么没有找到。本节做了一个假设，即元素的排列是无序的。也就是说，目标元素位于每个位置的可能性都一样大。

要确定目标元素不在列表中，唯一的方法就是将它与列表中的每个元素都比较一次。如果列表中有 n 个元素，那么顺序搜索要经过 n 次比较后才能确定目标元素不在列表中。

如果列表包含目标元素，分析起来更复杂。实际上有 3 种可能情况，最好情况是目标元素位于列表的第一个位置，即只需比较一次；最坏情况是目标元素位于最后一个位置，即需要比较 n 次。

普通情况又如何呢？我们会在列表的中间位置处找到目标元素，即需要比较 $n/2$ 次。

前面假设列表中的元素是无序排列的，相互之间没有关联。如果元素有序排列，顺序搜索算法的效率会提高吗？

假设列表中的元素按升序排列。如果存在目标元素，那么它出现在 n 个位置中任意一个位置的可能性仍然一样大，因此比较次数与在无序列表中相同。不过，如果不存在目标元素，那么搜索效率就会提高。图 6-4 展示了算法搜索目标元素 50 的过程。注意，顺序搜索算法一路比较列表中的元素，直到遇到 54。该元素蕴含额外的信息：54 不仅不是目标元素，而且其后的元素也都不是，这是因为列表是有序的。因此，算法不需要搜完整列表，比较完 54 之后便可以立即停止。图 6-5 展示了有序列表的顺序搜索函数。

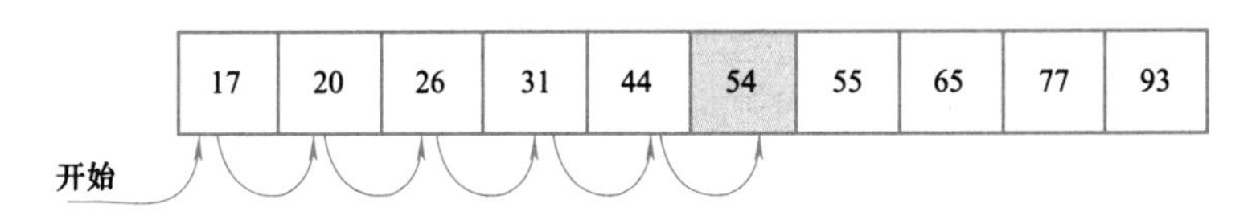

图 6-4　在有序整数列表中进行顺序搜索

```
def orderedSequentialSearch(alist, item):
    pos = 0
    found = False
    stop = False
    while pos < len(alist) and not found and not stop:
        if alist[pos] == item:
            found = True
        else:
        if alist[pos] > item:
            stop = True
        else:
            pos = pos +1

    return found
```

图 6-5　有序列表的顺序搜索

表 6-1 总结了在有序列表中顺序搜索时的比较次数。在最好情况下，只需比较一次就能知道目标元素不在列表中。普通情况下，需要比较 $n/2$ 次。总之，只有当列表中不存在目标元素时，有序排列元素才会提高顺序搜索的效率。

表 6-1　在有序列表中进行顺序搜索时的比较次数

	最好情况	最坏情况	普通情况
存在目标元素	1	n	$n/2$
不存在目标元素	1	n	$n/2$

6.2.2　二分搜索

如果在比较时更聪明些，还能进一步利用列表有序这个有利条件。在顺序搜索时，如果第一个元素不是目标元素，最多还要比较 $n-1$ 次。但二分搜索不是从第一个元素开始搜索列表，而是从中间的元素着手。如果这个元素就是目标元素，那就立即停止搜索；如果不是，则可以利用列表有序的特性，排除一半的元素。如果目标元素比中间的元素大，就可以直接排除列表的左半部分和中间的元素。这是因为，如果列表包含目标元素，它必定位于右半部分。

接下来，针对右半部分重复二分过程。从中间的元素着手，将其和目标元素比较。同理，要么直接找到目标元素，要么将右半部分一分为二，再次缩小搜索范围。图 6-6 展示了二分搜索算法如何快速地找到元素 54，完整的函数如图 6-7 所示。

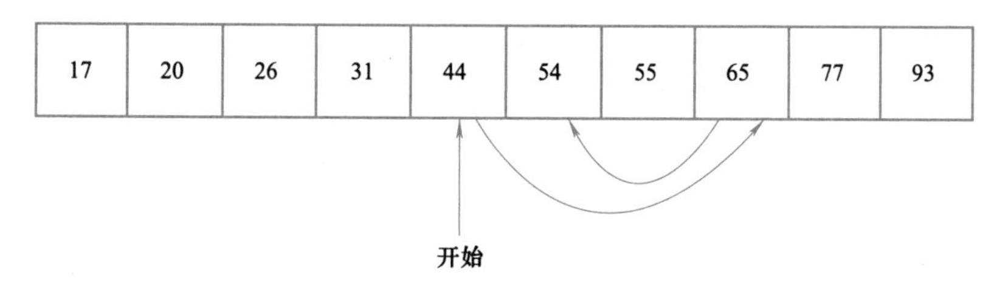

图 6-6　在有序整数列表中进行二分搜索

请注意，这个算法是分治策略的好例子。分治是指将问题分解成小问题，以某种方式解决小问题，然后整合结果，以解决最初的问题。对列表进行二分搜索时，先查看中间的元素。如果目标元素小于中间的元素，就只需要对列表的左半部分进行二分搜索。同理，如果目标元素更大，则只需对右半部分进行二分搜索。两种情况下，都是针对一个更小的列表递归调用二分搜索函数，如图 6-8 所示。

```
def binarySearch(alist, item):
    first = 0
    last = len(alist) - 1
    found = False

    while first <= last and not found:
        midpoint = (first + last) // 2
        if alist[midpoint] == item:
            found = True
        else:
            if item < alist[midpoint]:
                last = midpoint - 1
            else:
                first = midpoint + 1

    return found
```

图 6-7 有序列表的二分搜索

```
def binarySearch(alist, item):
    if len(alist) == 0:
        return False
    else:
        midpoint = len(alist) // 2
        if alist[midpoint] == item:
            return True
        else:
            if item < alist[midpoint]:
                return binarySearch(alist[:midpoint], item)
            else:
                return binarySearch(alist[midpoint+1:], item)
```

图 6-8 二分搜索的递归版本

在进行二分搜索时，每一次比较都将待考虑的元素减半。那么，要检查完整个列表，二分搜索算法最多要比较多少次呢？假设列表共有 n 个元素，第一次比较后剩下 $n/2$ 个元素，第 2 次比较后剩下 $n/4$ 个元素，接下来是 $n/8$，然后是 $n/16$，依此类推。

拆分足够多次后，会得到只含一个元素的列表。这个元素要么就是目标元素，要么不是。无论是哪种情况，计算工作都已完成。

6.2.3 散列

我们已经利用元素在集合中的位置完善了搜索算法。举例来说，针对有序列表，可以采用二分搜索（时间复杂度为对数阶）找到目标元素。本节将尝试更进一步，通过散列构建一个时间复杂度为 $O(1)$ 的数据结构。

要做到这一点，需要了解更多关于元素位置的信息。如果每个元素都在它该在的位置上，那么搜索算法只需比较一次即可。不过，我们在后面会发现，事实往往并非如此。

散列表是元素集合，其中的元素以一种便于查找的方式存储。散列表中的每个位置通常被称为槽，其中可以存储一个元素。槽用一个从 0 开始的整数标记，例如 0 号槽、1 号槽、2 号槽，等等。初始情形下，散列表中没有元素，每个槽都是空的。可以用列表来实现散列表，并将每个元素都初始化为 Python 中的特殊值 None。图 6-9 展示了 m 为 11 的散列表。也就是说，表中有 m 个槽，编号从 0 到 10。

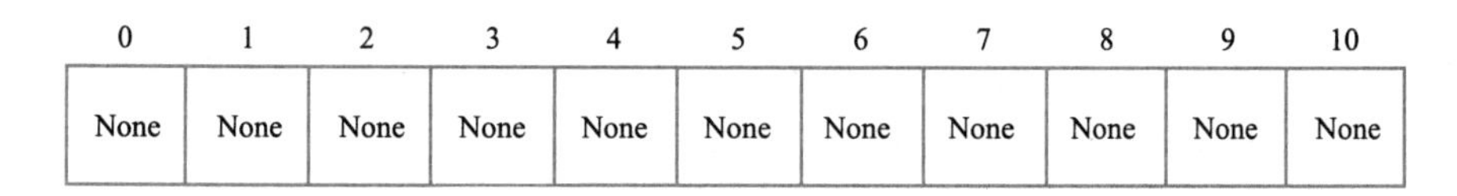

图 6-9　有 11 个槽的散列表

散列函数将散列表中的元素与其所属位置对应起来。对散列表中的任一元素，散列函数返回一个介于 0 和 $m-1$ 之间的整数。假设有一个由整数元素 54、26、93、17、77 和 31 构成的集合。首先来看第一个散列函数，它有时被称作“取余函数”，即用一个元素除以表的大小，并将得到的余数作为散列值（h(item) = item%11）。表 6-2 给出了所有示例元素的散列值。取余函数是一个很常见的散列函数，这是因为结果必须在槽编号范围内。

计算出散列值后，就可以将每个元素插入相应的位置，如图 6-10 所示。注意，在 11 个槽中，有 6 个被占用了。占用率被称作载荷因子，记作 λ，定义如下。

表 6-2　使用余数作为散列值

元素	散列值
54	10
26	4
93	5
17	6
77	0
31	9

$$\lambda=\frac{\text{元素个数}}{\text{散列表大}}$$

在本例中，$\lambda=\frac{6}{11}$。

0	1	2	3	4	5	6	7	8	9	10
77	None	None	None	26	93	17	None	None	31	54

图 6-10　有 6 个元素的散列表

搜索目标元素时，仅需使用散列函数计算出该元素的槽编号，并查看对应的槽中是否有值。因为计算散列值并找到相应位置所需的时间是固定的，所以搜索操作的时间复杂度是 $O(1)$。如果一切正常，那么我们就已经找到了常数阶的搜索算法。

可能你已经看出来了，只有当每个元素的散列值不同时，这个技巧才有用。如果集合中的下一个元素是 44，它的散列值是 0（44%11==0），而 77 的散列值也是 0，这就有问题了。散列函数会将两个元素都放入同一个槽，这种情况被称作冲突，也叫“碰撞”。冲突给散列函数带来了问题，我们稍后详细讨论。

给定一个元素集合，能将每个元素映射到不同的槽，这种散列函数称作完美散列函数。如果元素已知，并且集合不变，那么构建完美散列函数是可能的。不幸的是，给定任意一个元素集合，没有系统化方法来保证散列函数是完美的。所幸，不完美的散列函数也能有不错的性能。

构建完美散列函数的一个方法是增大散列表，使之能容纳每一个元素，这样就能保证每个元素都有属于自己的槽。当元素个数少时，这个方法是可行的，不过当元素很多时，就不可行了。如果元素是 9 位的社会保障号，这个方法需要大约 10 亿个槽。如果只想存储一个班上 25 名学生的数据，这样做就会浪费极大的内存空间。

我们的目标是创建这样一个散列函数：冲突数最少，计算方便，元素均匀分布于散列表中。有多种常见的方法来扩展取余函数，下面介绍其中的几种。

折叠法：先将元素切成等长的部分（最后一部分的长度可能不同），然后将这些部分相加，得到散列值。假设元素是电话号码 436-555-4601 ，以 2 位为一组进行切分，得到 43、65、55、46 和 01。将这些数字相加后，得到 210。假设散列表有 11 个槽，接着需要用 210 除以 11，并保留余数 1。所以，电话号码 436-555-4601 被映射到散列表中的 1 号槽。有些折叠法更进一步，在加总前每隔一个数反转一次。就本例而言，反转后的结果是：43+56+55+64+01=219，219%11=10。

另一个构建散列函数的数学技巧是平方取中法 ：先将元素取平方，然后提取中间几位数。如果元素是 44，先计算 44^2=1936，然后提取中间两位 93，继续进行取余的步骤，得到 5（93%11）。表 6-3 分别展示了取余法和平方取中法的结果，请确保自己理解这些值的计算方法。

表 6-3　取余法和平方取中法的对比

元素	取余	平方取中
54	10	3
26	4	7
93	5	9
17	6	8
77	0	4
31	9	6

我们也可以为基于字符的元素（比如字符串）创建散列函数。可以将单词“ cat”看作序数值序列，如图 6-11 所示。

```
>>> ord('c')
99
>>> ord('a')
97
>>> ord('t')
116
```

图 6-11　单词 cat 输出

因此，可以将这些序数值相加，并采用取余法得到散列值，如图 6-12 所示。代码清单 6-13 给出了 hash 函数（散列函数）的定义，传入一个字符串和散列表的大小，该函数会返回散列值，其取值范围是 0 到 tablesize−1。

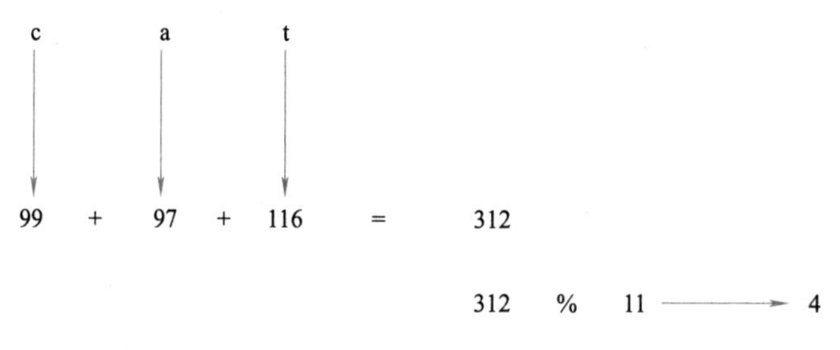

图 6-12　利用序数值计算字符串的散列值

```
1.  def hash(astring, tablesize):
2.      sum = 0
3.      for pos in range(len(astring)):
4.          sum = sum + ord(astring[pos])
5.
6.      return sum%tablesize
```

图 6-13　为字符串构建简单的散列函数

有趣的是，针对异序词，这个散列函数总是得到相同的散列值。要弥补这一点，可以用字符位置作为权重因子，如图 6-14 所示。作为练习，请修改散列函数，为字符添加权重值。

你也许能想到多种计算散列值的其他方法。重要的是，散列函数一定要高效，以免它成为存储和搜索过程的负担。如果散列函数过于复杂，计算槽编号的工作量可能比在进行顺序搜索或二分搜索时的更大，这可不是散列的初衷。

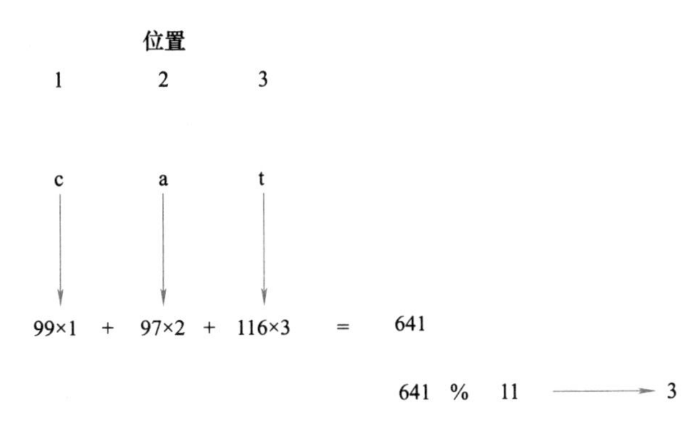

图 6-14　在考虑权重的同时，利用序数值计算字符串的散列值

现在回过头来解决冲突问题。当两个元素被分到同一个槽中时，必须通过一种系统化方法在散列表中安置第二个元素。这个过程被称为处理冲突。前文说过，如果散列函数是完美的，冲突就永远不会发生。然而，这个前提往往不成立，因此处理冲突是散列计算的重点。

一种方法是在散列表中找到另一个空槽，用于放置引起冲突的元素。简单的做法是从起初的散列值开始，顺序遍历散列表，直到找到一个空槽。注意，为了遍历散列表，可能需要往回检查第一个槽。这个过程被称为开放定址法 ，它尝试在散列表中寻找下一个空槽或地址。由于是逐个访问槽，因此这个做法被称作线性探测。

现在扩展表 6-3 中的元素，得到新的整数集合（54, 26, 93, 17, 77, 31, 44, 55, 20），图6-15 展示了新整数集合经过取余散列函数处理后的结果。当我们尝试把 44 放入 0 号槽时，就会产生冲突。采用线性探测，依次检查每个槽，直到找到一个空槽，在本例中即为 1 号槽。

0	1	2	3	4	5	6	7	8	9	10
77	44	55	20	26	93	17	None	None	31	54

图 6-15　采用线性探测处理冲突

同理，55 应该被放入 0 号槽，但是为了避免冲突，必须被放入 2 号槽。集合中的最后一个元素是 20，它的散列值对应 9 号槽。因为 9 号槽中已有元素，所以开始线性探测，依次访问 10 号槽、0 号槽、1 号槽和 2 号槽，最后找到空的 3 号槽。

一旦利用开放定址法和线性探测构建出散列表，即可使用同样的方法来搜索元素。假设要查找元素 93，它的散列值是 5。查看 5 号槽，发现槽中的元素就是 93，因此返回 True。如果要查找的是 20，又会如何呢？ 20 的散列值是 9，而 9 号槽中的元素是 31。因为可能有冲突，所以不能直接返回 False，而是应该从 10 号槽开始进行顺序搜索，直到找到元素 20 或者遇到空槽。

线性探测有个缺点，那就是会使散列表中的元素出现聚集现象。也就是说，如果一个槽发生太多冲突，线性探测会填满其附近的槽，而这会影响到后续插入的元素。在尝试插入元素 20 时，要越过数个散列值为 0 的元素才能找到一个空槽。图 6-16 展示了这种聚集现象。

0	1	2	3	4	5	6	7	8	9	10
77	44	55	20	26	93	17	None	None	31	54

图 6-16　散列值为 0 的元素聚集在一起

要避免元素聚集，一种方法是扩展线性探测，不再依次顺序查找空槽，而是跳过一些槽，这样做能使引起冲突的元素分布得更均匀。图 6-17 展示了采用“加 3”探测策略处理冲突后的元素分布情况。发生冲突时，为了找到空槽，该策略每次跳两个槽。

0	1	2	3	4	5	6	7	8	9	10
77	55	None	44	26	93	17	20	None	31	54

图 6-17　采用“加 3”探测策略处理冲突

再散列泛指在发生冲突后寻找另一个槽的过程。采用线性探测时，再散列函数是 newhashvalue = rehash(oldhashvalue)，并且 rehash(pos) = (pos + 1)%sizeoftable。“加 3”探测策略的再散列函数可以定义为 rehash(pos) = (pos + 3)%sizeoftable。也就是说，可以将再散列函数定义为 rehash(pos) = (pos + skip)%sizeoftable。注意，“跨步”（skip）的大小要能保证表中所

有的槽最终都被访问到，否则就会浪费槽资源。要保证这一点，常常建议散列表的大小为素数，这就是本例选用 11 的原因。

平方探测是线性探测的一个变体，它不采用固定的跨步大小，而是通过再散列函数递增散列值。如果第一个散列值是 h，后续的散列值就是 $h+1$、$h+4$、$h+9$、$h+16$，等等。换句话说，平方探测的跨步大小是一系列完全平方数。图 6-18 展示了采用平方探测处理后的结果。

0	1	2	3	4	5	6	7	8	9	10
77	44	20	55	26	93	17	None	None	31	54

图 6-18　采用平方探测处理冲突

另一种处理冲突的方法是让每个槽有一个指向元素集合（或链表）的引用。链接法允许散列表中的同一个位置上存在多个元素。发生冲突时，元素仍然被插入其散列值对应的槽中。不过，随着同一个位置上的元素越来越多，搜索变得越来越困难。图 6-19 展示了采用链接法解决冲突后的结果。

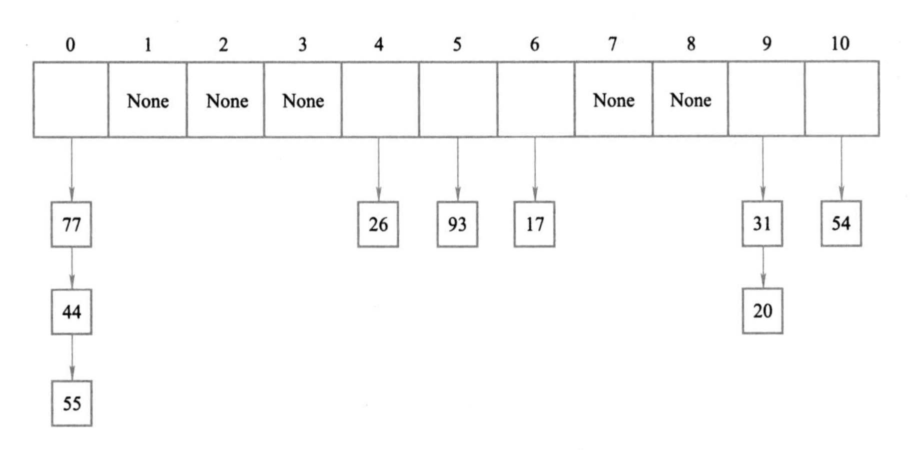

图 6-19　采用链接法处理冲突

搜索目标元素时，我们用散列函数算出它对应的槽编号。由于每个槽都有一个元素集合，因此需要再搜索一次，才能得知目标元素是否存在。链接法的优点是，平均算来，每个槽的元素不多，因此搜索可能更高效。本节最后会分析散列算法的性能。

下面介绍如何实现映射抽象数据类型。

字典是最有用的 Python 集合之一。第 1 章说过，字典是存储键 – 值对的数据类型。键用来查找关联的值，这个概念常常被称作映射。

映射抽象数据类型定义如下。它是将键和值关联起来的无序集合，其中的键是不重复的，键和值之间是一一对应的关系。映射支持以下操作。

1）Map() 创建一个空的映射，它返回一个空的映射集合。

2）put(key, val) 往映射中加入一个新的键 – 值对。如果键已经存在，就用新值替换旧值。

3）get(key) 返回 key 对应的值。如果 key 不存在，则返回 None。

4）del 通过 del map[key] 这样的语句从映射中删除键 – 值对。

5）len() 返回映射中存储的键 – 值对的数目。

6）in 通过 key in map 这样的语句，在键存在时返回 True，否则返回 False。

使用字典的一大优势是，给定一个键，能很快找到其关联的值。为了提供这种快速查找能力，需要能支持高效搜索的实现方案。虽然可以使用列表进行顺序搜索或二分搜索，但用前面描述的散列表更好，这是因为散列搜索算法的时间复杂度可以达到 $O(1)$。

图 6–20 使用两个列表创建 HashTable 类，以此实现映射抽象数据类型。其中，名为 slots 的列表用于存储键，名为 data 的列表用于存储值。两个列表中的键与值一一对应。在本节的例子中，散列表的初始大小是 11。尽管初始大小可以任意指定，但选用一个素数很重要，这样做可以尽可能地提高冲突处理算法的效率。

```
1.  class HashTable:
2.      def __init__(self):
3.          self.size = 11
4.          self.slots = [None] * self.size
5.          self.data = [None] * self.size
```

图 6–20　HashTable 类的构造方法

在图 6–21 中，hashfunction 实现了简单的取余函数。处理冲突时，采用“加 1”再散列函数的线性探测法。put 函数假设，除非键已经在 self.slots 中，否则总是可以分配一个空槽。该函数计算初始的散列值，如果对应的槽中已有元素，就循环运行 rehash 函数，直到遇见一个空槽。如果槽中已有这个键，就用新值替换旧值。

```
1.  def put(self, key, data):
2.      hashvalue = self.hashfunction(key, len(self.slots))
3.  
4.      if self.slots[hashvalue] == None:
5.          self.slots[hashvalue] = key
6.          self.data[hashvalue] = data
7.      else:
8.          if self.slots[hashvalue] == key:
9.              self.data[hashvalue] = data #替换
10.         else:
11.             nextslot = self.rehash(hashvalue, len(self.slots))
12.             while self.slots[nextslot] != None and \
13.                         self.slots[nextslot] != key:
14.             nextslot = self.rehash(nextslot, len(self.slots))
15. 
16.             if self.slots[nextslot] == None:
17.                 self.slots[nextslot] = key
18.                 self.data[nextslot] = data
19.             else:
20.                 self.data[nextslot] = data #替换
21. 
22. def hashfunction(self, key, size):
23.     return key%size
24. 
25. def rehash(self, oldhash, size):
26.     return (oldhash + 1)%size
```

图 6–21　put 函数

同理，get 函数也先计算初始散列值，如图 6–22 所示。如果值不在初始散列值对应的槽中，就使用 rehash 确定下一个位置。注意，第 15 行确保搜索最终一定能结束，因为不会回到初始槽。如果遇到初始槽，就说明已经检查完所有可能的槽，并且元素必定不存在。

HashTable 类的最后两个方法提供了额外的字典功能。我们重载 __getitem__ 和 __setitem__，以通过 [] 进行访问。这意味着创建 HashTable 类之后，就可以使用熟悉的索引运算符了。其余方法的实现留作练习。

```
1.  def get(self, key):
2.          startslot = self.hashfunction(key, len(self.slots))
3.  
4.          data = None
5.          stop = False
6.          found = False
7.          position = startslot
8.          while self.slots[position] != None and \
9.                          not found and not stop:
10.             if self.slots[position] == key:
11.                 found = True
12.                 data = self.data[position]
13.             else:
14.                 position=self.rehash(position, len(self.slots))
15.                 if position == startslot:
16.                     stop = True
17.         return data
18.
19. def __getitem__(self, key):
20.         return self.get(key)
21.
22. def __setitem__(self, key, data):
23.         self.put(key, data)
```

图 6-22　get 函数

下面来看看运行情况。首先创建一个散列表并插入一些元素，如图 6-23 所示。其中，键是整数，值是字符串。

接下来，访问并修改散列表中的某些元素，如图 6-24 所示。注意，键 20 的值已被修改。

在最好的情况下，散列搜索算法的时间复杂度是 $O(1)$，即常数阶。然而，因为可能发生冲突，所以比较次数通常不会这么简单。尽管对散列的完整分析超出了讨论范围，但是本书在此还是提一下近似的比较次数。

在分析散列表的使用情况时，最重要的信息就是载荷因子 λ。从概念上来说，如果 λ 很小，那么发生冲突的概率就很小，元素也就很有可能各就各位。如果 λ 很大，则意味着散列表很拥挤，发生冲突的概率也就很大。因此，冲突解决起来会更难，找到空槽所需的比较次数会更多。若采用链接法，冲突越多，每条链上的元素也越多。

```
>>> H = HashTable()
>>> H[54] = "cat"
>>> H[26] = "dog"
>>> H[93] = "lion"
>>> H[17] = "tiger"
>>> H[77] = "bird"
>>> H[31] = "cow"
>>> H[44] = "goat"
>>> H[55] = "pig"
>>> H[20] = "chicken"
>>> H.slots
[77, 44, 55, 20, 26, 93, 17, None, None, 31, 54]
>>> H.data
['bird', 'goat', 'pig', 'chicken', 'dog', 'lion',
        'tiger', None, None, 'cow', 'cat']
```

图 6-23　在散列表插入元素

```
>>> H[20]
'chicken'
>>> H[17]
'tiger'
>>> H[20] = 'duck'
>>> H[20]
'duck'
>>> H.data
['bird', 'goat', 'pig', 'duck', 'dog', 'lion',
        'tiger', None, None, 'cow', 'cat']
>>> print(H[99])
None
```

图 6-24　访问并修改散列表元素

和之前一样，来看看搜索成功和搜索失败的情况。采用线性探测策略的开放定址法，搜索成功的平均比较次数为

$$\frac{1}{2}\left(1+\frac{1}{1-\lambda}\right)$$

搜索失败的平均比较次数为

$$\frac{1}{2}\left[1+\left(\frac{1}{1-\lambda}\right)^{2}\right]$$

若采用链接法，则搜索成功的平均比较次数如下。

$$1+\frac{\lambda}{2}$$

搜索失败时，平均比较次数就是 λ。

6.3 排序

排序是指将集合中的元素按某种顺序排列的过程。比如，一个单词列表可以按字母表或长度排序；一个城市列表可以按人口、面积或邮编排序。我们已经探讨过一些利用有序列表提高效率的算法（比如二分搜索算法）。

排序算法有很多，对它们的分析也已经很透彻了。这说明，排序是计算机科学中的一个重要的研究领域。给大量元素排序可能消耗大量的计算资源。与搜索算法类似，排序算法的效率与待处理元素的数目相关。对于小型集合，采用复杂的排序算法可能得不偿失；对于大型集合，需要尽可能充分地利用各种改善措施。本节将讨论多种排序技巧，并比较它们的运行时间。

在讨论具体的算法之前，先思考如何分析排序过程。首先，排序算法要能比较大小。为了给一个集合排序，需要某种系统化的比较方法，以检查元素的排列是否违反了顺序。在衡量排序过程时，最常用的指标就是总的比较次数。其次，当元素的排列顺序不正确时，需要交换它们的位置。交换是一个耗时的操作，总的交换次数对于衡量排序算法的总体效率来说也很重要。

6.3.1 冒泡排序

冒泡排序多次遍历列表，它比较相邻的元素，将不合顺序元素的交换。每一轮遍历都将下一个最大值放到正确的位置上。本质上，每个元素通过“冒泡”找到自己所属的位置。

图 6−25 展示了冒泡排序的第一轮遍历过程。深色的是正在比较的元素。如果列表中有 n 个元素，那么第一轮遍历要比较 $n-1$ 对。注意，最大的元素会一直往前挪，直到遍历过程结束。

第一轮遍历

54	26	93	17	77	31	44	55	20	交换位置
26	54	93	17	77	31	44	55	20	无须交换位置
26	54	93	17	77	31	44	55	20	交换位置
26	54	17	93	77	31	44	55	20	交换位置
26	54	17	77	93	31	44	55	20	交换位置
26	54	17	77	31	93	44	55	20	交换位置
26	54	17	77	31	44	93	55	20	交换位置
26	54	17	77	31	44	55	93	20	交换位置
26	54	17	77	31	44	55	20	93	第一轮遍历结束后，93位于正确的位置

图 6−25　冒泡排序的第一轮遍历过程

第二轮遍历开始时，最大值已经在正确位置上了。还剩 $n-1$ 个元素需要排列，也就是说要比较 $n-2$ 对。既然每一轮都将下一个最大的元素放到正确位置上，那么需要遍历的轮数就是 $n-1$。完成 $n-1$ 轮后，最小的元素必然在正确位置上，因此不必再做处理。图6−26 给出了完整的 bubbleSort 函数。该函数以一个列表为参数，必要时会交换其中的元素。

Python 中的交换操作和其他大部分编程语言中的略有不同。在交换两个元素的位置时，通常需要一个临时存储位置（额外的内存位置）。图 6−27 中的代码片段表示交换列表中的第 i 个和第 j 个元素的位置。如果没有临时存储位置，其中一个值就会被覆盖。

```
def bubbleSort(alist):
    for passnum in range(len(alist)-1, 0, -1):
    for i in range(passnum):
        if alist[i] > alist[i+1]:
        temp = alist[i]
        alist[i] = alist[i+1]
        alist[i+1] = temp
```

图 6-26　冒泡排序函数 bubbleSort

```
temp = alist[i]
alist[i] = alist[j]
alist[j] = temp
```

图 6-27　交换元素

Python 允许同时赋值。执行语句 a, b = b, a ，相当于同时执行两条赋值语句，如图6-28 所示，利用 Python 的这一特性，就可以用一条语句完成交换操作。

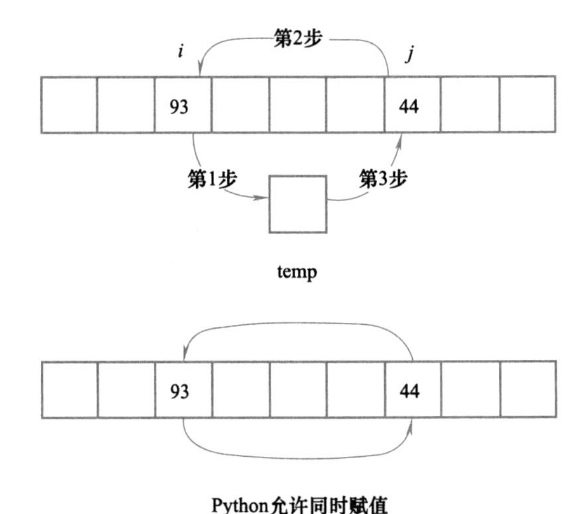

图 6-28　Python 与其他大部分编程语言的交换操作

在分析冒泡排序算法时要注意，不管一开始元素是如何排列的，给含有 n 个元素的列

表排序总需要遍历 $n-1$ 轮。表 6-4 展示了每一轮的比较次数。总的比较次数是前 $n-1$ 个整数之和。在最好情况下，列表已经是有序的，不需要执行交换操作。在最坏情况下，每一次比较都将导致一次交换。

表 6-4　冒泡排序中每一轮的比较次数

轮次	比较次数
1	$n-1$
2	$n-2$
3	$n-3$
⋮	⋮
$n-1$	1

冒泡排序通常被认为是效率最低的排序算法，因为在确定最终的位置前必须交换元素。“多余”的交换操作代价很大。不过，由于冒泡排序要遍历列表中未排序的部分，因此它具有其他排序算法没有的用途。特别是，如果在一轮遍历中没有发生元素交换，就可以确定列表已经有序。可以修改冒泡排序函数，使其在遇到这种情况时提前终止。对于只需要遍历几次的列表，冒泡排序可能有优势，因为它能判断出有序列表并终止排序过程。图 6-29 的代码实现了如上所述的修改，这种排序通常被称作短冒泡。

```
def shortBubbleSort(alist):
    exchanges = True
    passnum = len(alist)-1
    while passnum > 0 and exchanges:
        exchanges = False
        for i in range(passnum):
            if alist[i] > alist[i+1]:
                exchanges = True
                temp = alist[i]
                alist[i] = alist[i+1]
                alist[i+1] = temp
        passnum = passnum -1
```

图 6-29　修改后的冒泡排序函数

6.3.2 选择排序

选择排序在冒泡排序的基础上做了改进，每次遍历列表时只做一次交换。要实现这一点，选择排序在每次遍历时寻找最大值，并在遍历完之后将它放到正确位置上。和冒泡排序一样，第一次遍历后，最大的元素就位；第二次遍历后，第二大的元素就位，依此类推。若给 n 个元素排序，需要遍历 $n-1$ 轮，这是因为最后一个元素要到 $n-1$ 轮遍历后才就位。

图 6-30 展示了完整的选择排序过程。每一轮遍历都选择待排序元素中最大的元素，并将其放到正确位置上。第一轮放好 93，第二轮放好 77，第三轮放好 55，依此类推。图6-31 中代码给出了选择排序函数。

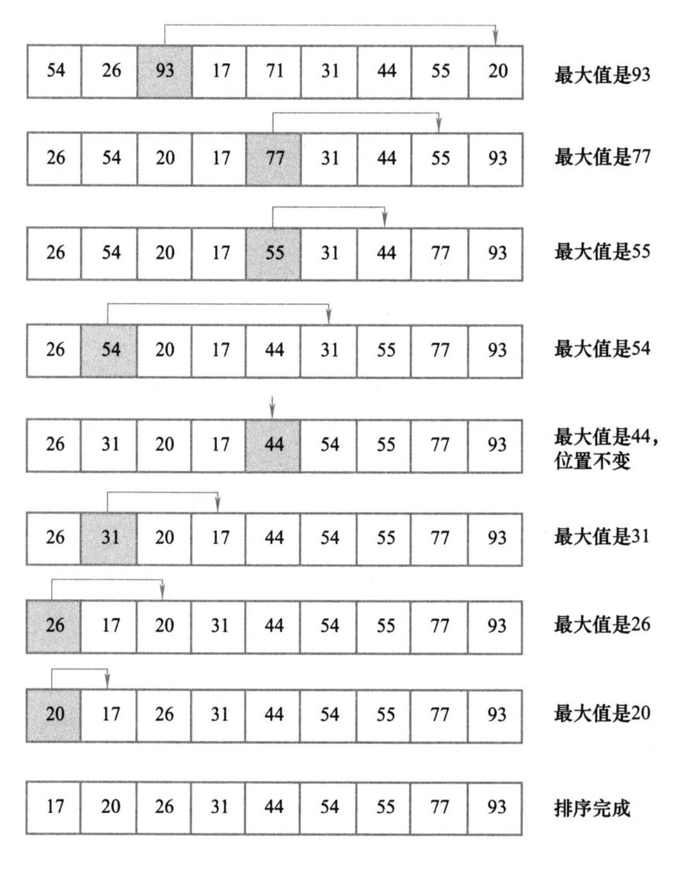

图 6-30 选择排序

```
def selectionSort(alist):
    for fillslot in range(len(alist)-1, 0, -1):
        positionOfMax = 0
        for location in range(1, fillslot+1):
            if alist[location] > alist[positionOfMax]:
                positionOfMax = location

        temp = alist[fillslot]
        alist[fillslot] = alist[positionOfMax]
        alist[positionOfMax] = temp
```

图 6-31 选择排序函数 selectionSort

可以看出，选择排序算法和冒泡排序算法的比较次数相同。但是，由于减少了交换次数，因此选择排序算法通常更快。就本节的列表示例而言，冒泡排序交换了 20 次，而选择排序只需交换 8 次。

6.3.3 插入排序

插入排序的原理稍有不同。它在列表较低的一端维护一个有序的子列表，并逐个将每个新元素“插入”这个子列表。图 6-32 展示了插入排序的过程。深色元素代表有序子列表中的元素。

首先假设位置 0 处的元素是只含单个元素的有序子列表。从元素 1 到元素 $n-1$，每一轮都将当前元素与有序子列表中的元素进行比较。在有序子列表中，将比它大的元素右移；当遇到一个比它小的元素或抵达子列表终点时，就可以插入当前元素。

图 6-33 详细展示了第 5 轮遍历的情况。此刻，有序子列表包含 5 个元素：17、26、54、77 和 93。现在想插入 31，第一次与 93 比较，结果是将 93 向右移；同理，77 和 54 也向右移。遇到 26 时，就不移了，并且 31 找到了正确位置。现在，有序子列表有 6 个元素。

从图 6-34 中的代码可知，在给 n 个元素排序时，插入排序算法需要遍历 $n-1$ 轮。循环从位置 1 开始，直到位置 $n-1$ 结束，这些元素都需要被插入有序子列表中。第 8 行实现了移动操作，将列表中的一个值挪一个位置，为待插入元素腾出空间。要记住，这不是之前的算法进行的那种完整的交换操作。

54	26	93	17	77	31	44	55	20	将54视作只含单个元素的有序子列表
26	54	93	17	77	31	44	55	20	插入26
26	54	93	17	77	31	44	55	20	插入93
17	26	54	93	77	31	44	55	20	插入17
17	26	54	77	93	31	44	55	20	插入77
17	26	31	54	77	93	44	55	20	插入31
17	26	31	44	54	77	93	55	20	插入44
17	26	31	44	54	55	77	93	20	插入55
17	20	26	31	44	54	55	77	93	插入20

图 6-32　插入排序

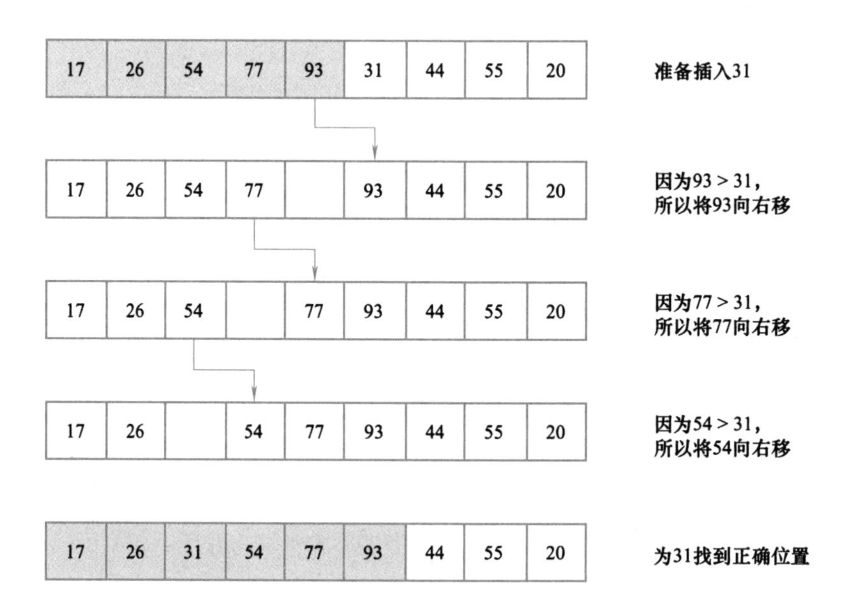

图 6-33　插入排序的第 5 轮遍历

```
def insertionSort(alist):
    for index in range(1, len(alist)):

        currentvalue = alist[index]
        position = index

    while position > 0 and alist[position-1] > currentvalue:
        alist[position] = alist[position-1]
        position = position-1

    alist[position] = currentvalue
```

图 6-34　插入排序函数 insertionSort

在最坏情况下，插入排序算法的比较次数是前 $n-1$ 个整数之和。在最好情况下（列表已经是有序的），每一轮只需比较一次。移动操作和交换操作有一个重要的不同点。总体来说，交换操作的处理时间大约是移动操作的 3 倍，因为后者只需进行一次赋值。在基准测试中，插入排序算法的性能很不错。

6.3.4　希尔排序

希尔排序也称“递减增量排序”，它对插入排序做了改进，将列表分成数个子列表，并对每一个子列表应用插入排序。如何切分列表是希尔排序的关键——并不是连续切分，而是使用增量 x（有时称作步长）选取所有间隔为 x 的元素组成子列表。

以图 6-35 中的列表为例，这个列表有 9 个元素。如果增量为 3，就有 3 个子列表，

54	26	93	17	77	54	44	55	20	子列表1
54	26	93	17	77	54	44	55	20	子列表2
54	26	93	17	77	54	44	55	20	子列表3

图 6-35　增量为 3 的希尔排序

每个都可以应用插入排序，结果如图 6-36 所示。尽管列表仍然不算完全有序，但通过给子列表排序，我们已经让元素离它们的最终位置更近了。

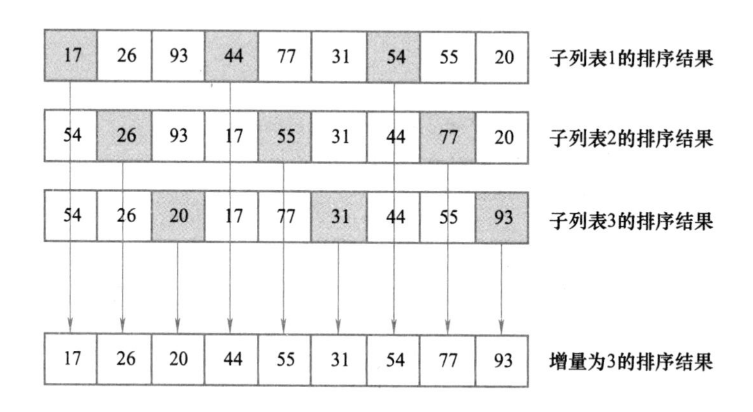

图 6-36 为每个子列表排序后的结果

图 6-37 展示了最终的插入排序过程。由于有了之前的子列表排序，因此总移动次数已经减少了。本例只需要再移动 4 次。

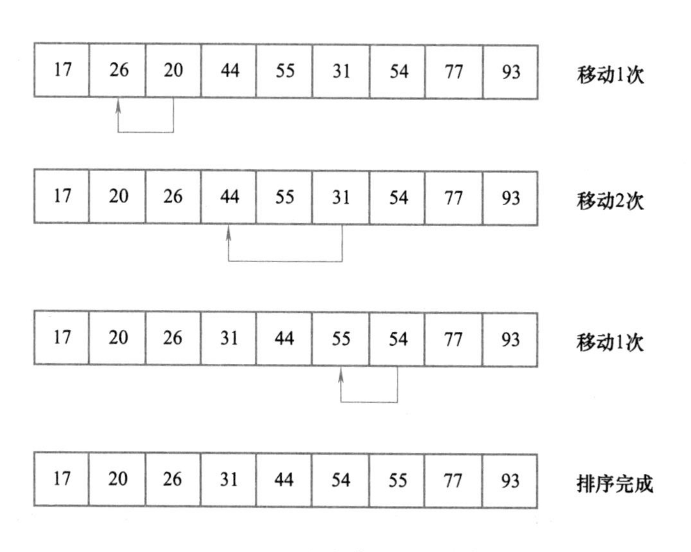

图 6-37 最终进行插入排序

如前所述，如何切分列表是希尔排序的关键。图 6-38 中的函数采用了另一组增量。

先为 len(alist)//2 个子列表排序，接着是 sublistcount//2 个子列表。最终，整个列表由基本的插入排序算法排好序。图 6–39 展示了采用这种增量后的第一批子列表。

```
def shellSort(alist):
    sublistcount = len(alist) // 2
    while sublistcount > 0:
        for startposition in range(sublistcount):
            gapInsertionSort(alist, startposition, sublistcount)
        print( "After increments of size" , sublistcount," The list is" , alist)
        sublistcount = sublistcount // 2

def gapInsertionSort(alist, start, gap):
    for i in range(start+gap, len(alist), gap):
        currentvalue = alist[i]
        position = i
        while position >= gap and alist[position-gap] > currentvalue:
            alist[position] = alist[position-gap]
            position = position-gap
        alist[position] = currentvalue
```

图 6–38 希尔排序函数 shellSort

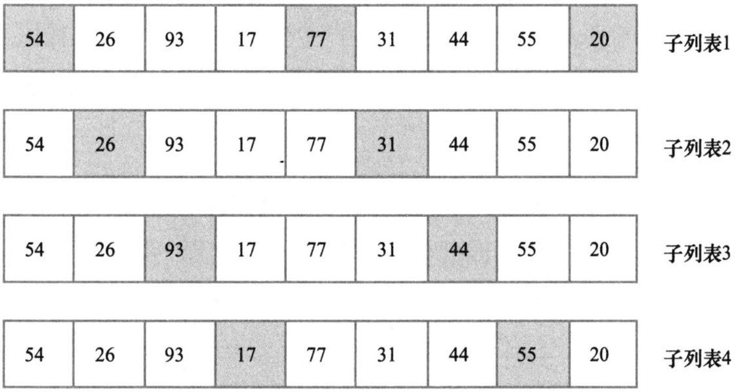

54	26	93	17	77	31	44	55	20	子列表1
54	26	93	17	77	31	44	55	20	子列表2
54	26	93	17	77	31	44	55	20	子列表3
54	26	93	17	77	31	44	55	20	子列表4

图 6–39 希尔排序的初始子列表

图 6–40 对 shellSort 的调用示例给出了使用每个增量之后的结果（部分有序），以及增量为 1 的插入排序结果。

```
>>> alist = [54, 26, 93, 17, 77, 31, 44, 55, 20]
>>> shellSort(alist)
After increments of size 4 the list is
            [20, 26, 44, 17, 54, 31, 93, 55, 77]
After increments of size 2 the list is
            [20, 17, 44, 26, 54, 31, 77, 55, 93]
After increments of size 1 the list is
            [17, 20, 26, 31, 44, 54, 55, 77, 93]
```

图 6-40 shellSort 的调用示例

乍看之下，你可能会觉得希尔排序不可能比插入排序好，因为最后一步要做一次完整的插入排序。但实际上，列表已经由增量的插入排序做了预处理，所以最后一步插入排序不需要进行多次比较或移动。也就是说，每一轮遍历都生成了“更有序”的列表，这使得最后一步非常高效。

6.3.5 归并排序

现在，我们将注意力转向使用分治策略改进排序算法。要研究的第一个算法是归并排序，它是递归算法，每次将一个列表一分为二。如果列表为空或只有一个元素，那么从定义上来说它就是有序的（基本情况）。如果列表不止一个元素，就将列表一分为二，并对两部分都递归调用归并排序。当两部分都有序后，就进行归并这一基本操作。归并是指将两个较小的有序列表归并为一个有序列表的过程。图 6-41a 展示了示例列表被拆分后的情况，图 6-41b 给出了归并后的有序列表。

在图 6-42 的代码中，mergeSort 函数以处理基本情况开始。如果列表的长度小于或等于 1，说明它已经是有序列表，因此不需要做额外的处理。如果长度大于 1，则通过 Python 的切片操作得到左半部分和右半部分。要注意，列表所含元素的个数可能不是偶数。这并没有关系，因为左右子列表的长度最多相差 1。

在第 7 ~ 8 行对左右子列表调用 mergeSort 函数后，就假设它们已经排好序了。第 9 ~ 28 行负责将两个小的有序列表归并为一个大的有序列表。注意，归并操作每次从有序列表中取出最小值，放回初始列表（alist）。

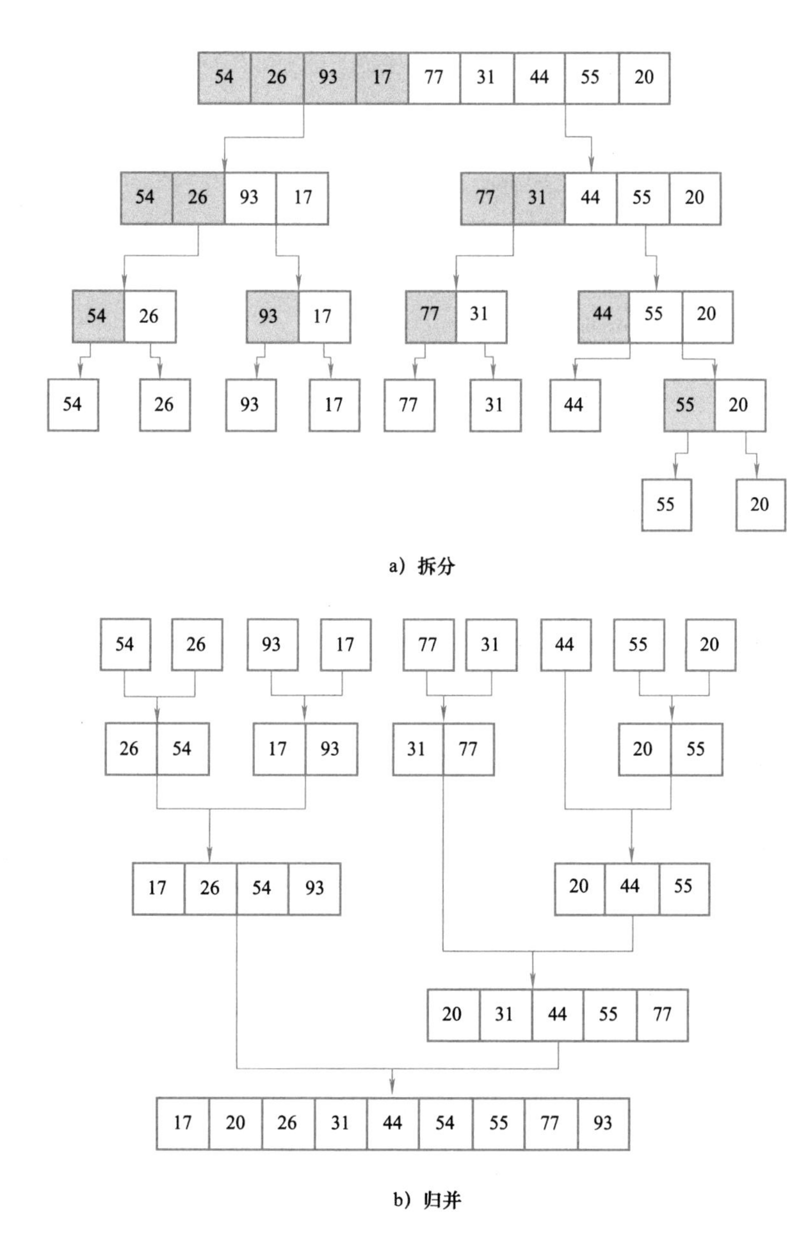

图 6-41　归并排序中的拆分和归并

mergeSort 函数有一条 print 语句（第 2 行），用于在每次调用开始时展示待排序列表的内容。第 28 行也有一条 print 语句，用于展示归并过程。图 6-43 中脚本展示了针对示例列表执行 mergeSort 函数的结果。注意，列表 [44, 55, 20] 不会均分，第一部分是 [44]，第

二部分是 [55, 20]。很容易看出，拆分操作最终生成了能立即与其他有序列表归并的列表。

```
1.  def mergeSort(alist):
2.      print("Splitting ", alist)
3.      if len(alist) > 1:
4.          mid = len(alist) // 2
5.          lefthalf = alist[:mid]
6.          righthalf = alist[mid:]
7.          mergeSort(lefthalf)
8.          mergeSort(righthalf)
9.          i = 0
10.         j = 0
11.         k = 0
12.         while i < len(lefthalf) and j < len(righthalf):
13.             if lefthalf[i] < righthalf[j]:
14.                 alist[k] = lefthalf[i]
15.                 i = i + 1
16.             else:
17.                 alist[k] = righthalf[j]
18.                 j = j + 1
19.             k = k + 1
20.         while i < len(lefthalf):
21.             alist[k] = lefthalf[i]
22.             i = i + 1
23.             k = k + 1
24.         while j < len(righthalf):
25.             alist[k] = righthalf[j]
26.             j = j + 1
27.             k = k + 1
28.     print("Merging ", alist)
```

图 6-42　归并排序函数 mergeSort

分析 mergeSort 函数时，要考虑它的两个独立的构成部分。首先，列表被一分为二。在学习二分搜索时已经算过，当列表的长度为 n 时，能切分 $\log_2 n$ 次。第二个处理过程是归并。列表中的每个元素最终都得到处理，并被放到有序列表中。所以，得到长度为 n 的列表需要进行 n 次操作。由此可知，需要进行 $\log_2 n$ 次拆分，每一次需要进行 n 次操作，所以一共是 $n\log_2 n$ 次操作。

```
>>> b = [54, 26, 93, 17, 77, 31, 44, 55, 20]
>>> mergeSort(b)
Splitting [54, 26, 93, 17, 77, 31, 44, 55, 20]
Splitting [54, 26, 93, 17]
Splitting [54, 26]
Splitting [54]
Merging [54]
Splitting [26]
Merging [26]
Merging [26, 54]
Splitting [93, 17]
Splitting [93]
Merging [93]
Splitting [17]
Merging [17]
Merging [17, 93]
Merging [17, 26, 54, 93]
Splitting [77, 31, 44, 55, 20]
Splitting [77, 31]
Splitting [77]
Merging [77]
Splitting [31]
Merging [31]
Merging [31, 77]
Splitting [44, 55, 20]
Splitting [44]
Merging [44]
Splitting [55, 20]
Splitting [55]
Merging [55]
Splitting [20]
Merging [20]
Merging [20, 55]
Merging [20, 44, 55]
Merging [20, 31, 44, 55, 77]
Merging [17, 20, 26, 31, 44, 54, 55, 77, 93]
>>>
```

图 6-43　归并排序结果

有一点需要注意：mergeSort 函数需要额外的空间来存储切片操作得到的两半部分。当列表较大时，使用额外的空间可能会使排序出现问题。

6.3.6 快速排序

和归并排序一样，快速排序也采用分治策略，但不使用额外的存储空间。不过，代价是列表可能不会被一分为二。出现这种情况时，算法的效率会有所下降。

快速排序算法首先选出一个基准值。尽管有很多种选法，但为简单起见，本节选取列表中的第一个元素。基准值的作用是帮助切分列表。在最终的有序列表中，基准值的位置通常被称作分割点，算法在分割点切分列表，以进行对快速排序的子调用。

在图 6-44 中，元素 54 将作为第一个基准值。从前面的例子可知，54 最终应该位于 31 当前所在的位置。下一步是分区操作。它会找到分割点，同时将其他元素放到正确的一边——要么大于基准值，要么小于基准值。

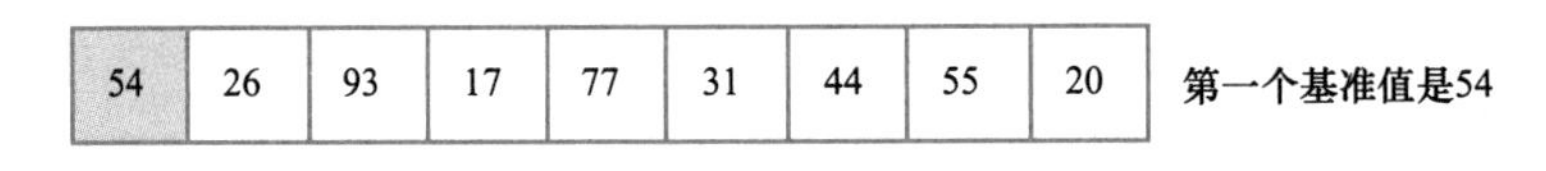

图 6-44　快速排序的第一个基准值

分区操作首先找到两个坐标——leftmark 和 rightmark，它们分别位于列表剩余元素的开头和末尾，如图 6-45 所示。分区的目的是根据待排序元素与基准值的相对大小将它们放到正确的一边，同时逐渐逼近分割点。图 6-45 展示了为元素 54 寻找正确位置的过程。

首先加大 leftmark，直到遇到一个大于基准值的元素。然后减小 rightmark，直到遇到一个小于基准值的元素。这样一来，就找到两个与最终的分割点错序的元素。本例中，这两个元素就是 93 和 20。互换这两个元素的位置，然后重复上述过程。

当 rightmark 小于 leftmark 时，过程终止。此时，rightmark 的位置就是分割点。将基准值与当前位于分割点的元素互换，即可使基准值位于正确位置，如图 6-46 所示。分割点左边的所有元素都小于基准值，右边的所有元素都大于基准值。因此，可以在分割点处将列表一分为二，并针对左右两部分递归调用快速对函数排序。

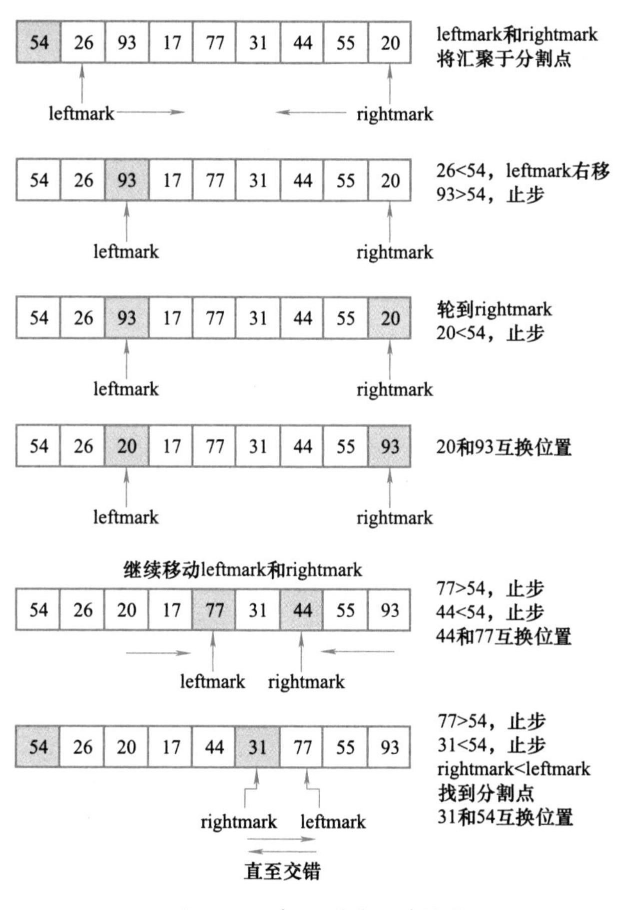

图6-45 为54寻找正确位置

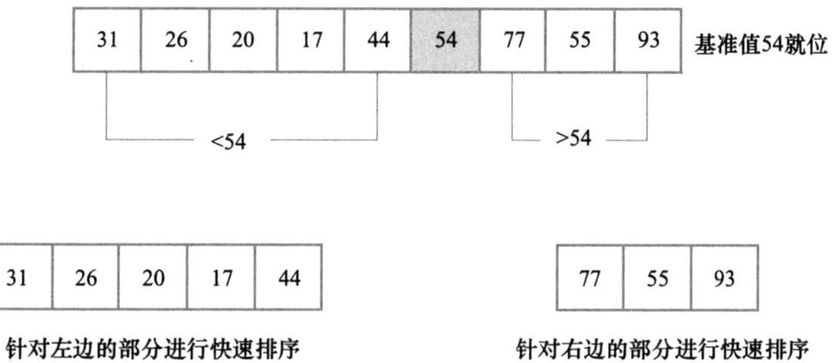

图6-46 基准值54就位

在图 6-47 的代码中，快速排序函数 quickSort 调用了递归函数 quickSortHelper。quickSortHelper 首先处理和归并排序相同的基本情况。如果列表的长度小于或等于 1，说明它已经是有序列表；如果长度大于 1，则进行分区操作并递归地排序。分区函数 partition 实现了前面描述的过程。

```
def quickSort(alist):
    quickSortHelper(alist, 0, len(alist)-1)
def quickSortHelper(alist, first, last):
    if first < last:
        splitpoint = partition(alist, first, last)
        quickSortHelper(alist, first, splitpoint-1)
        quickSortHelper(alist, splitpoint+1, last)
def partition(alist, first, last):
    pivotvalue = alist[first]
    leftmark = first + 1
    rightmark = last
    done = False
    while not done:
        while leftmark <= rightmark and alist[leftmark] <= pivotvalue:
            leftmark = leftmark + 1
        while alist[rightmark] >= pivotvalue and rightmark >= leftmark:
            rightmark = rightmark - 1
        if rightmark < leftmark:
            done = True
        else:
            temp = alist[leftmark]
            alist[leftmark] = alist[rightmark]
            alist[rightmark] = temp
    temp = alist[first]
    alist[first] = alist[rightmark]
    alist[rightmark] = temp
    return rightmark
```

图 6-47 快速排序函数 quickSort

在分析 quickSort 函数时要注意，对于长度为 n 的列表，如果分区操作总是发生在列表的中部，就会切分 $\log_2 n$ 次。为了找到分割点，n 个元素都要与基准值比较。另外，快速排序算法不需要像归并排序算法那样使用额外的存储空间。

不幸的是，最坏情况下，分割点不在列表的中部，而是偏向某一端，这会导致切分不均匀。在这种情况下，含有 n 个元素的列表可能被分成一个不含元素的列表与一个含有 $n-1$ 个元素的列表。然后，含有 $n-1$ 个元素的列表可能会被分成不含元素的列表与一个含有 $n-2$ 个元素的列表，依此类推。这会导致算法的时间复杂度增加。

前面提过，有多种选择基准值的方法。可以尝试使用三数取中法避免切分不均匀，即在选择基准值时考虑列表的头元素、中间元素与尾元素。本例中，先选取元素 54、77 和 20，然后取中间值 54 作为基准值（当然，它也是之前选择的基准值）。这种方法的思路是，如果头元素的正确位置不在列表中部附近，那么三元素的中间值将更靠近中部。

6.4　参考题

1. 给定两个数组，编写一个函数来计算它们的交集。例如，输入是 nums1 = [1,2,2,1], nums2 = [2,2]，则程序输出为 [2]。

2. 给你两个数组，arr1 和 arr2，arr2 中的元素各不相同，arr2 中的每个元素都出现在 arr1 中，对 arr1 中的元素进行排序，使 arr1 中项的相对顺序和 arr2 中的相对顺序相同。未在 arr2 中出现过的元素需要按照升序放在 arr1 的末尾。例如，输入为 arr1 = [2,3,1,3,2,4,6,7,9,2,19], arr2 = [2,1,4,3,9,6]，则程序输出为 [2,2,2,1,4,3,3,9,6,7,19]。

3. 给定由一些正数（代表长度）组成的数组 A，返回由其中三个长度组成的、面积不为零的三角形的最大周长。如果不能形成任何面积不为零的三角形，返回 0。

第 7 章　树

7.1　引言

我们已经学习了栈和队列等线性数据结构，并对递归有了一定的了解，现在来学习树这种常见的数据结构。树广泛应用于计算机科学的多个领域，从操作系统、图形学、数据库到计算机网络。作为数据结构的树和现实世界中的树有很多共同之处，二者皆有根、枝、叶。不同之处在于，前者的根在顶部，而叶在底部。在研究树之前，先来看一些例子。第一个例子是生物学中的分类树。图 7-1 从生物分类学的角度给出了某些动物的类别，从这个简单的例子中，我们可以了解树的一些属性。第一个属性是层次性，即树是按层级构建的，越笼统就越靠近顶部，越具体则越靠近底部。在图 7-1 中，顶层是界，下一层（上一层的“子节点”）是门，然后是纲，依此类推。但不管这棵分类树往下长多深，所有的节点都仍然表示动物。

可以从树的顶部开始，沿着由椭圆和箭头构成的路径，一直遍历到底部。在树的每一层，我们都可以做一个判断，然后根据判断结果选择路径。比如，我们可以问：“这个动物是属于脊索动物门还是节肢动物门？”如果答案是“脊索动物门”，就选脊索动物门那条路径；再问：“是哺乳纲吗？”如果不是，就被卡住了（当然仅限于在这个简单的例子中）。继续发问：“这个哺乳动物是属于灵长目还是食肉目？”就这样，我们可以沿着路径直达树的底部，找到常见的动物名。树的第二个属性是，一个节点的所有子节点都与另一个节点的所有子节点无关。比如，猫属的子节点有家猫（英文 名为 Domestica）和狮。家蝇属的子节点是家蝇，其英文名也是 Domestica，但此 Domestica 非彼 Domestica。这意味着可以变更家蝇属的这个子节点，而不会影响猫属的子节点。第三个属性是，叶子节点都是独一无二的。在本例中，每一个物种都对应唯一的一条从树根到树叶的路径，比如动物界→脊索动物门→哺乳纲→食肉目→猫科→猫属→家猫。另一个常见的树状结构是文件系统。在 文件系统中，目录或文件夹呈树状结构。图 7-2 展示了 Unix 文件系统的一小部分。

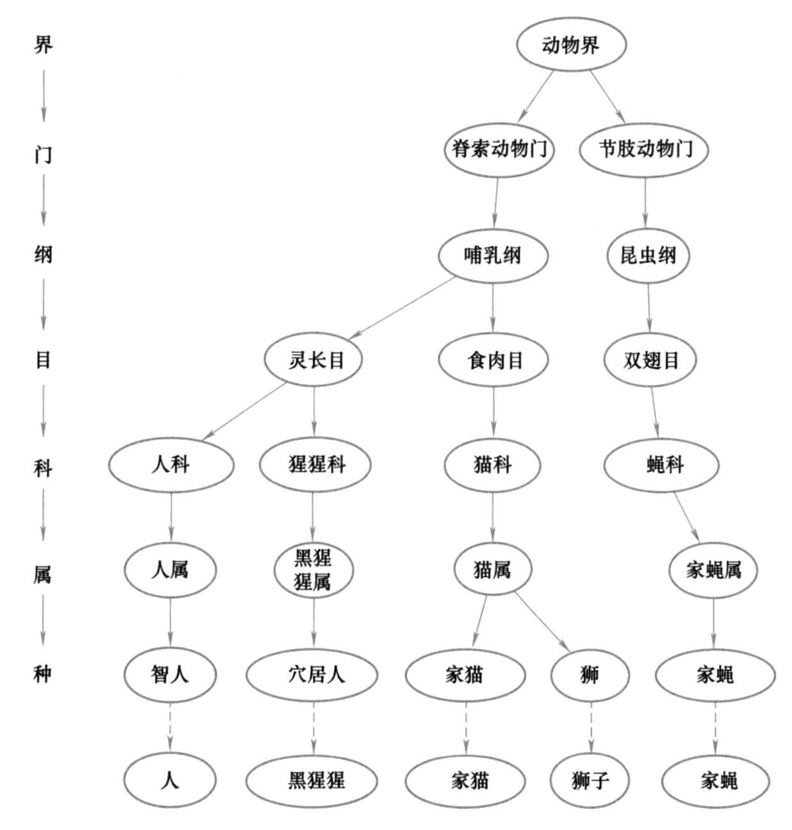

图 7-1 用树表示一些常见动物的分类

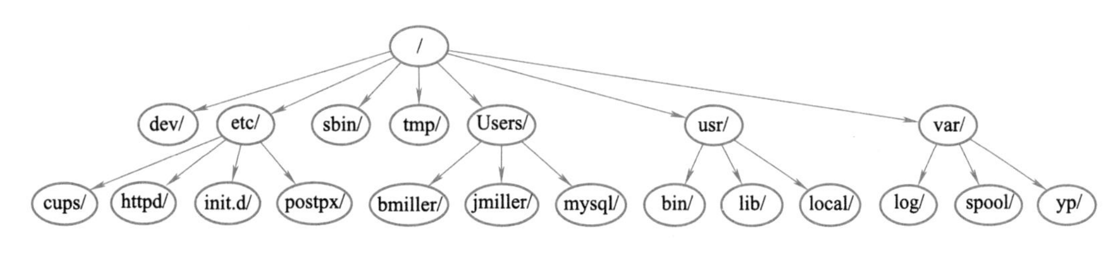

图 7-2 Unix 文件系统

文件系统树与生物分类树有很多共同点。在文件系统树中，可以沿着一条路径从根直达任何目录。这条路径能唯一标识子目录以及其中的所有文件。树的层次性衍生出另一个重要属性，即可以将树的某个部分（称作子树）整体移到另一个位置，而不影响下面的层。比如，可以将从 etc/ 起的全部子树挪到 usr/ 下。这会将到达 httpd/ 的路径从 /etc/httpd/ 变

成 /usr/etc/httpd/，但不会影响 httpd 目录下的内容或子节点。

关于树的最后一个例子是网页。以下是一个简单网页的 HTML 代码。图 7-3 展示了该网页用到的 HTML 标签所对应的树。

```
<html xmlns="http://www.w3.org/1999/xhtml"
xml:lang="en" lang="en">
<head>
<meta http-equiv="Content-Type"
content="text/html; charset=utf-8" />
<title>simple</title>
</head>
<body>
<h1>A simple web page</h1>
<ul>
<li>List item one</li>
<li>List item two</li>
</ul>
<h2><a href="http://www.ituring.com.cn">CS</a></h2>
</body>
</html>
```

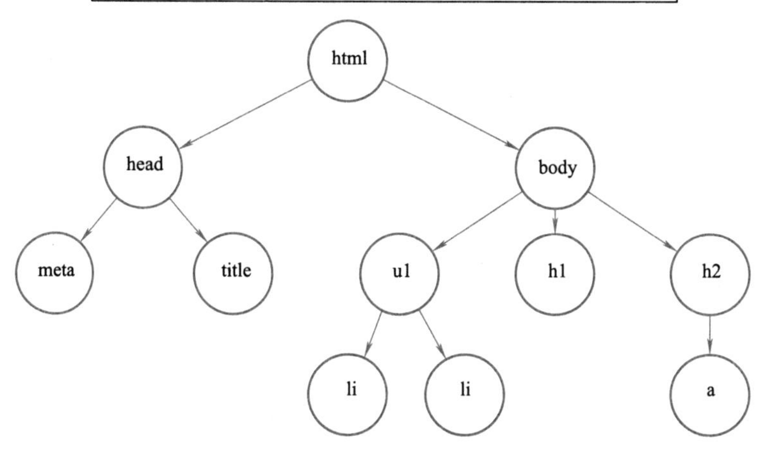

图 7-3　HTML 标签对应的树

HTML 源代码与对应的树展示了另一种层级关系。树的每一层对应 HTML 标签的每一层嵌套。在源代码中，第一个标签是 <html>，最后一个是 </html>。其余的标签都在这一对标签之内。检查一遍会发现，树的每一层都具备这种嵌套属性。

7.2　树的定义

在看了一些树的例子之后，现在来正式地定义树及其构成。

（1）节点

节点是树的基础部分。它可以有自己的名字，我们称作“键”。节点也可以带有附加信息，我们称作“有效载荷”。有效载荷信息对于很多树算法来说不是重点，但它常常在使用树的应用中很重要。

（2）边

边是树的另一个基础部分。两个节点通过一条边相连，表示它们之间存在关系。除了根节点以外，其他每个节点都仅有一条入边，出边则可能有多条。

（3）根节点

根节点是树中唯一没有入边的节点。在图 7-2 中，/ 就是根节点。

（4）路径

路径是由边连接的有序节点列表。比如，哺乳纲→食肉目→猫科→猫属→家猫就是一条路径。

（5）子节点

一个节点通过出边与子节点相连。在图 7-2 中，log/、spool/ 和 yp/ 都是 var/ 的子节点。

（6）父节点

一个节点是其所有子节点的父节点。在图 7-2 中，var/ 是 log/、spool/ 和 yp/ 的父节点。

（7）兄弟节点

具有同一父节点的节点互称为兄弟节点。文件系统树中的 etc/ 和 usr/ 就是兄弟节点。

（8）子树

一个父节点及其所有后代的节点和边构成一棵子树。

（9）叶子节点

叶子节点没有子节点。比如，图 7–1 中的人和黑猩猩都是叶子节点。

（10）层数

节点的层数是从根节点到当前节点的唯一路径长度。在图 7–1 中，猫属的层数是 5。由定义可知，根节点的层数 0。

（11）高度

树的高度是其中节点层数的最大值。图 7–2 中的树高度为 2。

定义基本术语后，就可以进一步给出树的正式定义。树由节点及连接节点的边构成。树有以下属性。

1）有一个根节点。

2）除根节点外，其他每个节点都与其唯一的父节点相连。

3）从根节点到其他每个节点都有且仅有一条路径。

4）如果每个节点最多有两个子节点，我们就称这样的树为二叉树。

图 7–4 展示了一棵符合定义的树。边的箭头表示连接方向。

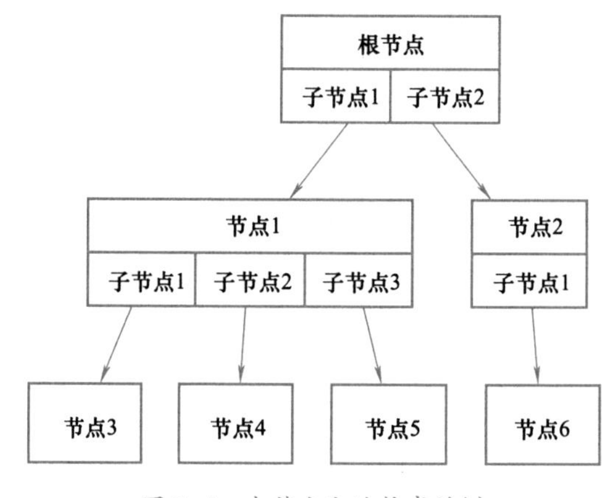

图 7–4　由节点和边构成的树

7.3　树的实现

根据 7.2 节给出的定义，可以使用以下函数创建并操作二叉树。

- BinaryTree() 创建一个二叉树实例。
- getLeftChild() 返回当前节点的左子节点所对应的二叉树。
- getRightChild() 返回当前节点的右子节点所对应的二叉树。
- setRootVal(val) 在当前节点中存储参数 val 中的对象。
- getRootVal() 返回当前节点存储的对象。
- insertLeft(val) 新建一棵二叉树，并将其作为当前节点的左子节点。
- insertRight(val) 新建一棵二叉树，并将其作为当前节点的右子节点。

实现树的关键在于选择一个好的内部存储技巧。Python 提供两种有意思的方式，我们在选择前会仔细了解这两种方式。

7.3.1 第一种实现方法——列表法

用列表法表示树时，先从 Python 的列表数据结构开始，编写前面定义的函数。尽管为列表编写一套操作的接口与已经实现的其他抽象数据类型有些不同，但是做起来很有意思，因为这会给我们提供一个简单的递归数据类型，供我们直接查看和检查。我们将根节点的值作为列表的第一个元素；第二个元素是代表左子树的列表；第三个元素是代表右子树的列表。要理解这个存储技巧，来看一个例子。图 7-5 展示了一棵简单的树及其对应的列表实现。

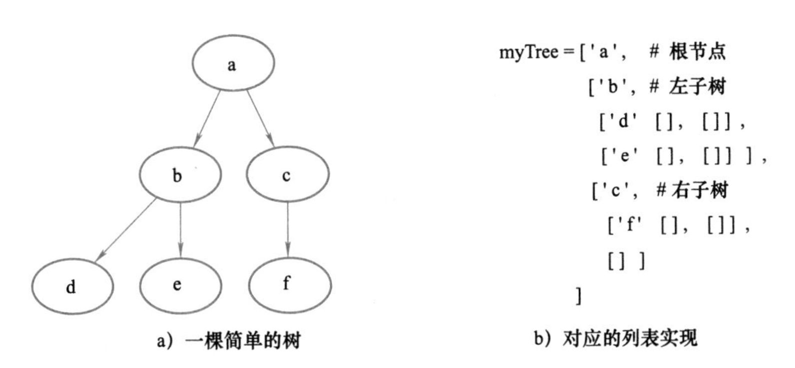

图 7-5 树的列表表示法

注意，可以通过标准的列表切片操作访问子树。树的根节点是 myTree[0]，左子树是 myTree[1]，右子树是 myTree[2]。以下会话展示了如何使用列表创建树。一旦创建完成，就可以访问它的根节点、左子树和右子树。列表表示法有个很好的性质，那就是表示子树的列表结构符合树的定义，这样的结构是递归的！由一个根节点和两个空列表构成的子树是一个叶子节点。还有一个很好的性质，那就是这种表示法可以推广到有很多子树的情况。如果树不是二叉树，则多一棵子树只是多一个列表。

接下来提供一些便于将列表作为树使用的函数，以正式定义树数据结构。注意，我们不是要定义二叉树类，而是要创建可用于标准列表的函数。

BinaryTree 函数构造一个简单的列表，它仅有一个根节点和两个作为子节点的空列表，如图 7-6 所示。要给树添加左子树，需要在列表的第二个位置加入一个新列表。请务必当心：如果列表的第二个位置上已经有内容了，我们要保留已有内容，并将它作为新列表的左子树。图 7-7 中代码给出了插入左子树的 Python 代码。

```
def BinaryTree(r):
    return [r, [], []]
```

图 7-6　列表函数 BinaryTree

```
def insertLeft(root, newBranch):
    t = root.pop(1)
    if len(t) > 1:
        root.insert(1, [newBranch, t, []])
    else:
        root.insert(1, [newBranch, [], []])
    return root
```

图 7-7　插入左子树

在插入左子树时，先获取当前的左子树所对应的列表（可能为空），然后加入新的左子树，将旧的左子树作为新节点的左子树。这样一来，就可以在树的任意位置插入新节点。insertRight 与 insertLeft 类似，如图 7-8 中的代码所示。

为了完整地创建树的函数集，让我们来编写一些访问函数，用于读写根节点与左右子树，如图 7-9 中的代码所示。

图 7-10 中的 Python 会话执行了刚创建的树函数。请自己输入代码试试。

```
def insertRight(root, newBranch):
    t = root.pop(2)
    if len(t) > 1:
        root.insert(2, [newBranch, [], t])
    else:
        root.insert(2, [newBranch, [], []])
    return root
```

图 7-8　插入右子树

```
def getRootVal(root):
    return root[0]
def setRootVal(root, newVal):
    root[0] = newVal
def getLeftChild(root):
    return root[1]
def getRightChild(root):
    return root[2]
```

图 7-9　树的访问函数

```
>>> r = BinaryTree(3)
>>> insertLeft(r,4)
[3, [4, [], []], []]
>>> insertLeft(r,5)
[3, [5, [4, [], []], []], []]
>>> insertRight(r,6)
[3, [5, [4, [], []], []], [6, [], []]]
>>> insertRight(r,7)
[3, [5, [4, [], []], []], [7, [], [6, [], []]]]
>>> l=getLeftChild(r)
>>> l
[5, [4, [], []], []]
>>> setRootVal(l,9)
>>> r
[3, [9, [4, [], []], []], [7, [], [6, [], []]]]
>>> insertLeft(l,11)
[9, [11, [4, [], []], []], []]
>>> r
[3, [9, [11, [4, [], []], []], []], [7, [], [6, [], []]]]
>>> getRightChild(getRightChild(r))
[6, [], []]
>>>
```

图 7-10　展示基本树函数的 Python 会话

7.3.2 第二种实现方法——节点法

树的第二种表示法是利用节点与引用。我们将定义一个类，其中有根节点和左右子树的属性。这种表示法遵循面向对象编程范式，所以本章后续内容会采用这种表示法。

采用节点表示法时，可以将树想象成如图 7-11 所示的结构。

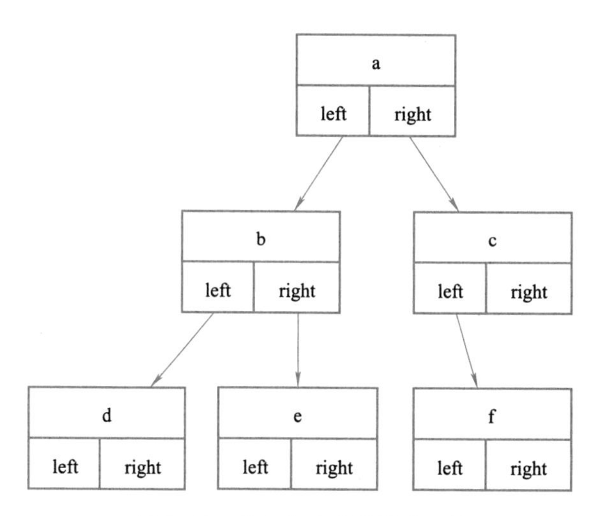

图 7-11 节点表示法的简单示例

首先定义一个简单的类，如图 7-12 中的代码所示。“节点与引用”表示法的要点是，属性 left 和 right 会指向 BinaryTree 类的其他实例。举例来说，在向树中插入新的左子树时，我们会创建另一个 BinaryTree 实例，并将根节点的 self.leftChild 改为指向新树。

```
class BinaryTree:
    def __init__(self, rootObj):
        self.key = rootObj
        self.leftChild = None
        self.rightChild = None
```

图 7-12 BinaryTree 类

在图 7-12 所示的代码中，构造方法接受一个对象，并将其存储到根节点中。正如能在列表中存储任何对象，根节点对象也可以成为任何对象的引用。就之前的例子而言，我们将节点名作为根的值存储。采用节点法表示图 7-11 中的树，将创建 6 个 BinaryTree 实例。

下面看看基于根节点构建树所需要的函数。为了给树添加左子树，新建一个二叉树对象，将根节点的 left 属性指向新对象。图 7-13 给出了 insertLeft 函数的代码。

```
def insertLeft(self, newNode):
    if self.leftChild == None:
        self.leftChild = BinaryTree(newNode)
    else:
        t = BinaryTree(newNode)
        t.left = self.leftChild
        self.leftChild = t
```

图 7-13 插入左子节点

在插入左子树时，必须考虑两种情况。第一种情况是原本没有左子节点，此时，只需往树中添加一个节点即可。第二种情况是已经存在左子节点，此时，插入一个节点，并将已有的左子节点降一层。图 7-13 中的 else 语句处理的就是第二种情况。

insertRight 函数也要考虑相应的两种情况：要么原本没有右子节点，要么必须在根节点和已有的右子节点之间插入一个节点。图 7-14 中给出了 insertRight 函数的代码。

```
def insertRight(self, newNode):
    if self.rightChild == None:
        self.rightChild = BinaryTree(newNode)
    else:
        t = BinaryTree(newNode)
        t.right = self.rightChild
        self.rightChild = t
```

图 7-14 插入右子节点

为了完成对二叉树数据结构的定义，我们来编写一些访问左右子节点与根节点的函数，如图 7-15 所示。

有了创建与操作二叉树的所有代码，现在用它们来进一步了解结构。我们创建一棵简单的树，并为根节点 a 添加子节点 b 和 c。图 7-16 的 Python 会话创建了这棵树，并查看 key、left 和 right 中存储的值。注意，根节点的左右子节点本身都是 BinaryTree 类的实例。

正如递归定义所言，二叉树的所有子树也都是二叉树。

```
def getRightChild(self):
    return self.rightChild

def getLeftChild(self):
    return self.leftChild

def setRootVal(self, obj):
    self.key = obj

def getRootVal(self):
    return self.key
```

图 7-15　二叉树的访问函数

```
>>> from pythonds.trees import BinaryTree
>>> r = BinaryTree('a')
>>> r.getRootVal()
'a'
>>> print(r.getLeftChild())
None
>>> r.insertLeft('b')
>>> print(r.getLeftChild())
<__main__.BinaryTree instance at 0x6b238>
>>> print(r.getLeftChild().getRootVal())
b
>>> r.insertRight('c')
>>> print(r.getRightChild())
<__main__.BinaryTree instance at 0x6b9e0>
>>> print(r.getRightChild().getRootVal())
c
>>> r.getRightChild().setRootVal('hello')
>>> print(r.getRightChild().getRootVal())
hello
>>>
```

图 7-16　二叉树的创建

7.4 二叉树的应用

7.4.1 解析树

树的实现已经齐全了，现在来看看如何用树解决一些实际问题。本节介绍解析树，可以用它来表示现实世界中像句子（见图 7-17）或数学表达式这样的构造。

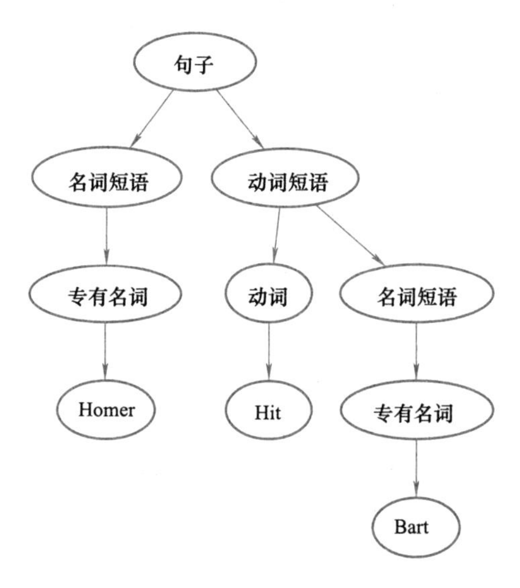

图 7-17 一个简单句子的解析树

图 7-17 展示了一个简单句子的层次结构。用树状结构表示句子让我们可以使用子树处理句子的独立部分。

我们也可以将 ((7 + 3) × (5 − 2)) 这样的数学表达式表示成解析树，如图 7-18 所示。这是完全括号表达式，乘法的优先级高于加法和减法，但因为有括号，所以在做乘法前必须先做括号内的加法和减法。树的层次性有助于理解整个表达式的计算次序。在计算顶层的乘法前，必须先计算子树中的加法和减法。加法（左子树）的结果是 10，减法（右子树）的结果是 3。利用树的层次结构，在计算完子树的表达式后，只需用一个节点代替整棵子树即可。应用这个替换过程后，便得到如图 7-19 所示的简化树。

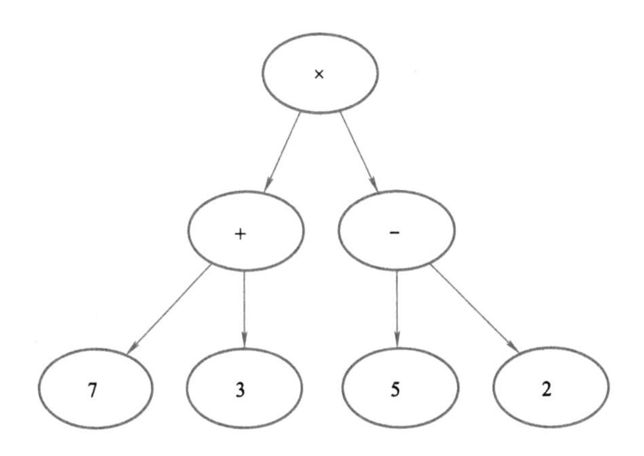

图 7-18 ((7 + 3) × (5 − 2)) 的解析树

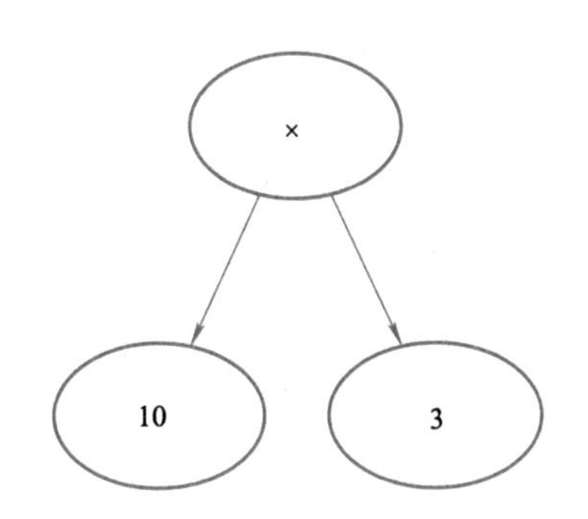

图 7-19 ((7 + 3) × (5 − 2)) 的简化解析树

本节的剩余部分将仔细考察解析树，重点如下。

1）如何根据完全括号表达式构建解析树。

2）如何计算解析树中的表达式。

3）如何将解析树还原成最初的数学表达式。

构建解析树的第一步是将表达式字符串拆分成标记列表。需要考虑 4 种标记：左括号、右括号、运算符和操作数。我们知道，左括号代表新表达式的起点，所以应该创建一棵对应该表达式的新树。反之，遇到右括号则意味着到达该表达式的终点。我们也知道，操作数既是叶子节点，也是其运算符的子节点。此外，每个运算符都有左右子节点。

有了上述信息，便可以定义以下 4 条规则。

1）如果当前标记是 (，就为当前节点添加一个左子节点，并下沉至该子节点。

2）如果当前标记在列表 ['+', '−', '/', '*'] 中，就将当前节点的值设为当前标记对应的运算符；为当前节点添加一个右子节点，并下沉至该子节点。

3）如果当前标记是数字，就将当前节点的值设为这个数并返回至父节点。

4）如果当前标记是)，就跳到当前节点的父节点。

编写 Python 代码前，我们先通过一个例子来理解上述规则。将表达式 (3 + (4 × 5)) 拆分成标记列表 ['(', '3', '+', '(', '4', '*', '5', ')', ')']。起初，解析树只有一个空的根节点，随着对每个标记的处理，解析树的结构和内容逐渐充实，如图 7−20 所示。

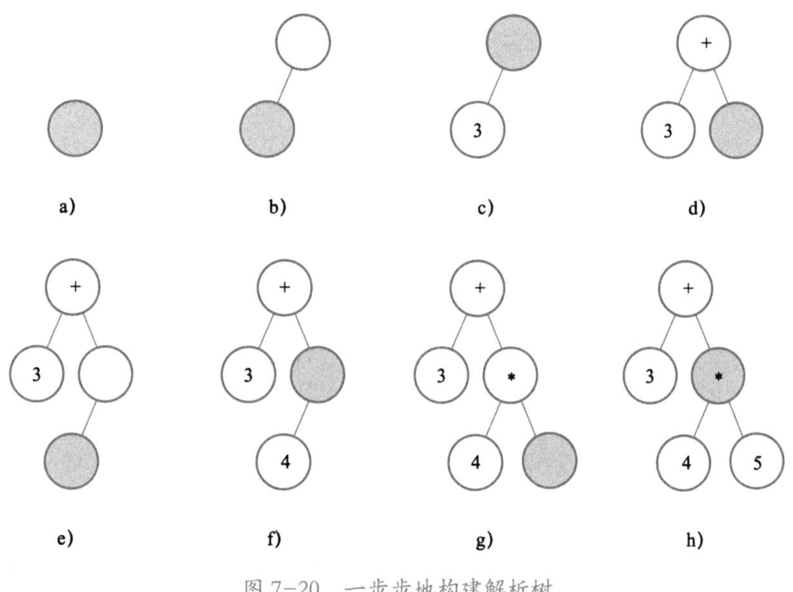

图 7−20　一步步地构建解析树

以图 7−20 为例，我们来一步步地构建解析树。

1）创建一棵空树。

2）读入第一个标记 (。根据规则 1，为根节点添加一个左子节点。

3）读入下一个标记 3。根据规则 3，将当前节点的值设为 3，并回到父节点。

4）读入下一个标记 +。根据规则 2，将当前节点的值设为 +，并添加一个右子节点。新节点成为当前节点。

5）读入下一个标记 (。根据规则 1，为当前节点添加一个左子节点，并将其作为当前节点。

6）读入下一个标记 4。根据规则 3，将当前节点的值设为 4，并回到父节点。

7）读入下一个标记 *。根据规则 2，将当前节点的值设为 *，并添加一个右子节点。新节点成为当前节点。

8）读入下一个标记 5。根据规则 3，将当前节点的值设为 5，并回到父节点。

9）读入下一个标记)。根据规则 4，将 * 的父节点作为当前节点。

10）读入下一个标记)。根据规则 4，将 + 的父节点作为当前节点。因为 + 没有父节点，所以工作完成。

本例表明，在构建解析树的过程中，需要追踪当前节点及其父节点。可以通过 getLeftChild 与 getRightChild 获取子节点，但如何追踪父节点呢？一个简单的办法就是在遍历这棵树时使用栈记录父节点。每当要下沉至当前节点的子节点时，先将当前节点压到栈中。当要返回到当前节点的父节点时，就将父节点从栈中弹出来。

利用前面描述的规则以及 Stack 和 BinaryTree，就可以编写创建解析树的 Python 函数。图 7–21 给出了解析树构建器的代码。

在图 7–21 中，第 11、15、19 和 24 行的 if 语句体现了构建解析树的 4 条规则，其中每条语句都通过调用 BinaryTree 和 Stack 的方法实现了前面描述的规则。这个函数中唯一的错误检查在 else 从句中，如果遇到一个不能识别的标记，就抛出一个 ValueError 异常。

有了一棵解析树之后，我们能对它做些什么呢？作为第一个例子，我们可以写一个函数计算解析树，并返回计算结果。要写这个函数，我们将利用树的层次性。针对图 7–18 中的解析树，可以用图 7–19 中的简化解析树替换。由此可见，可以写一个算法，通过递归计算每棵子树得到整棵解析树的结果。

和之前编写递归函数一样，设计递归计算函数要从确定基本情况开始。就针对树进行操作的递归算法而言，一个很自然的基本情况就是检查叶子节点。解析树的叶子节点必定是操作数。由于像整数和浮点数这样的数值对象不需要进一步翻译，因此 evaluate 函数可以直接返回叶子节点的值。为了向基本情况靠近，算法将执行递归步骤，即对当前节点的左右子节点调用 evaluate 函数。递归调用可以有效地沿着各条边往叶子节点靠近。

若要结合两个递归调用的结果，只需将父节点中存储的运算符应用于子节点的计算结果即可。从图7–18中可知，根节点的两个子节点的计算结果就是它们自身，即10和3。应用乘号，得到最后的结果30。

```
1.  from pythonds.basic import Stack
2.  from pythonds.trees import BinaryTree
3.
4.  def buildParseTree(fpexp):
5.      fplist = fpexp.split()
6.      pStack = Stack()
7.      eTree = BinaryTree('')
8.      pStack.push(eTree)
9.      currentTree = eTree
10.     for i in fplist:
11.         if i == '(':
12.             currentTree.insertLeft('')
13.             pStack.push(currentTree)
14.             currentTree = currentTree.getLeftChild()
15.         elif i not in '+-*/)':
16.             currentTree.setRootVal(eval(i))
17.             parent = pStack.pop()
18.             currentTree = parent
19.         elif i in '+-*/':
20.             currentTree.setRootVal(i)
21.             currentTree.insertRight('')
22.             pStack.push(currentTree)
23.             currentTree = currentTree.getRightChild()
24.         elif i == ')':
25.             currentTree = pStack.pop()
26.         else:
27.             raise ValueError("Unknown Operator: " + i)
28.     return eTree
```

图7–21 解析树构建器

递归函数evaluate的实现如图7–22所示。首先，获取指向当前节点的左右子节点的引用。如果左右子节点的值都是None，就说明当前节点确实是叶子节点。第7行执行这项检查。如果当前节点不是叶子节点，则查看当前节点中存储的运算符，并将其应用于左右子节点的递归计算结果。

我们使用具有键 +、-、* 和 / 的字典实现。字典中存储的值是 operator 模块的函数。该模块给我们提供了常用运算符的函数版本。在字典中查询运算符时，对应的函数对象被取出。既然取出的对象是函数，就可以用普通的方式 function(param1, param2) 调用。因此，opers['+'](2, 2) 等价于 operator.add(2, 2)。

```
1.  def evaluate(parseTree):
2.      opers = {'+':operator.add, '-':operator.sub,
3.               '*':operator.mul, '/':operator.truediv}
4.      leftC = parseTree.getLeftChild()
5.      rightC = parseTree.getRightChild()
6.
7.      if leftC and rightC:
8.          fn = opers[parseTree.getRootVal()]
9.          return fn(evaluate(leftC), evaluate(rightC))
10.     else:
11.         return parseTree.getRootVal()
```

图 7-22　计算二叉解析树的递归函数

最后，让我们来理解 evaluate 函数。第一次调用 evaluate 函数时，将整棵树的根节点作为参数 parseTree 传入。然后，获取指向左右子节点的引用，检查它们是否存在。第 9 行进行递归调用。从查询根节点的运算符开始，该运算符是 +，对应 operator.add 函数，要传入两个参数。和普通的 Python 函数调用一样，Python 做的第一件事是计算入参的值。本例中，两个入参都是对 evaluate 函数的递归调用。由于入参的计算顺序是从左到右，因此第一次递归调用是在左边。对左子树递归调用 evaluate 函数，发现节点没有左右子节点，所以这是一个叶子节点。处于叶子节点时，只需返回叶子节点的值作为计算结果即可。本例中，返回整数 3。

至此，我们已经为顶层的 operator.add 调用计算出一个参数的值了，但还没完。继续从左到右的参数计算过程，现在进行一个递归调用，计算根节点的右子节点。我们发现，该节点不仅有左子节点，还有右子节点，所以检查节点存储的运算符——是 *，将左右子节点作为参数调用函数。这时可以看到，两个调用都已到达叶子节点，计算结果分别是 4 和 5。算出参数之后，返回 operator.mul(4, 5) 的结果。至此，我们已经算出了顶层运算符

(+) 的操作数，剩下的工作就是完成对 operator.add(3, 20) 的调用。因此，表达式 (3 + (4 * 5)) 的计算结果就是 23。

7.4.2　树的遍历

我们已经了解了树的基本功能，现在看看一些附加的使用模式。这些使用模式按节点的访问方式分为 3 种。我们将对所有节点的访问称为"遍历"，共有 3 种遍历方式，分别为前序遍历 、中序遍历和后序遍历。接下来，我们先仔细地定义这 3 种遍历方式，然后通过一些例子看看它们的用法。

（1）前序遍历

在前序遍历中，先访问根节点，然后递归地前序遍历左子树，最后递归地前序遍历右子树。

（2）中序遍历

在中序遍历中，先递归地中序遍历左子树，然后访问根节点，最后递归地中序遍历右子树。

（3）后序遍历

在后序遍历中，先递归地后序遍历右子树，然后递归地后序遍历左子树，最后访问根节点。

让我们通过几个例子来理解这 3 种遍历方式。首先看看前序遍历。我们将一本书的内容结构表示为一棵树，整本书是根节点，每一章是根节点的子节点，每一章中的每一节是这章的子节点，每小节又是这节的子节点，依此类推。图 7–23 展示了一本书的树状结构，它包含两章。注意，遍历算法对每个节点的子节点数没有要求，但本例只针对二叉树。

假设我们从前往后阅读这本书，那么阅读顺序就符合前序遍历的次序。从根节点"书"开始，遵循前序遍历指令，对左子节点"第 1 章"递归调用 preorder 函数。然后，对"第 1 章"的左子节点递归调用 preorder 函数，得到节点"1.1 节"。由于该节点没有子节点，因此不必再进行递归调用。沿着树回到节点"第 1 章"，接下来访问它的右子节点，即"1.2 节"。和前面一样，先访问左子节点"1.2.1 节"，然后访问右子节点"1.2.2 节"。访问完"1.2 节"之后，回到"第 1 章"。接下来，回到根节点，以同样的方式访问节点"第 2 章"。

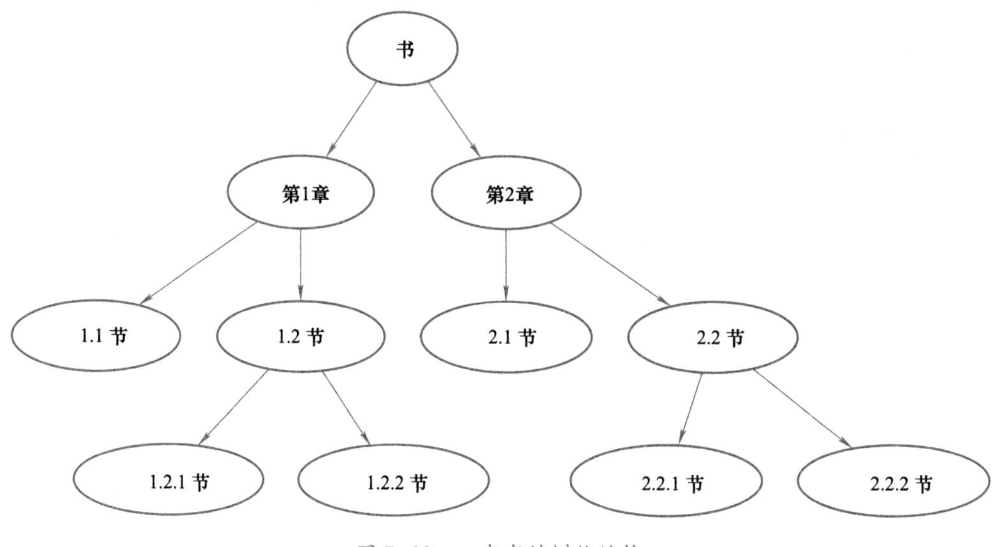

图 7-23　一本书的树状结构

遍历树的代码格外简洁，这主要是因为遍历是递归的。

你可能会想，前序遍历算法的最佳实现方式是什么呢？是一个将树用作数据结构的函数，还是树本身的一个方法？图 7-24 中的代码给出了前序遍历算法的外部函数版本，该函数将二叉树作为参数，其代码尤为简洁，这是因为算法的基本情况仅仅是检查树是否存在。如果参数 tree 是 None ，函数直接返回。

```
def preorder(tree):
    if tree:
        print(tree.getRootVal())
        preorder(tree.getLeftChild())
        preorder(tree.getRightChild())
```

图 7-24　将前序遍历算法实现为外部函数

我们也可以将 preorder 实现为 BinaryTree 类的方法，如图 7-25 的代码所示。请留意将代码从外部移到内部后有何变化。通常来说，不仅需要用 self 代替 tree，还需要修改基本情况。内部方法必须在递归调用 preorder 前，检查左右子节点是否存在。

哪种实现方式更好呢？在本例中，将 preorder 实现为外部函数可能是更好的选择。原因在于，很少会仅执行遍历操作，在大多数情况下，还要通过基本的遍历模式实现别的目标。在下一个例子中，我们就会通过后序遍历来计算解析树。所以，我们在此采用外部函数版本。

```
def preorder(self):
    print(self.key)
    if self.leftChild:
        self.left.preorder()
    if self.rightChild:
        self.right.preorder()
```

图 7-25　将前序遍历算法实现为 BinaryTree 类的方法

在图 7-26 的代码中，后序遍历函数 postorder 与前序遍历函数 preorder 几乎相同，只不过对 print 的调用被移到了函数的末尾。

```
def postorder(tree):
    if tree != None:
        postorder(tree.getLeftChild())
        postorder(tree.getRightChild())
        print(tree.getRootVal())
```

图 7-26　后序遍历函数

我们已经见识过后序遍历的一个常见用途，那就是计算解析树。回顾图 7-24，我们所做的就是先计算左子树，再计算右子树，最后通过根节点运算符的函数调用将两个结果结合起来。假设二叉树只存储一个表达式的数据。让我们来重写计算函数，使之更接近于图 7-26 的代码中的后序遍历函数。

注意，图 7-26 的代码与图 7-27 的代码在形式上很相似，只不过求值函数最后不是打印节点，而是返回节点。这样一来，就可以保存第 7 行和第 8 行递归调用返回的值，然后在第 10 行使用这些值和运算符进行计算。

最后来了解中序遍历。中序遍历的访问顺序是左子树、根节点、右子树。图 7-28 的代码给出了中序遍历函数的代码。注意，3 个遍历函数的区别仅在于 print 语句与递归调用语句的相对位置。

```
1.  def postordereval(tree):
2.      opers = {'+':operator.add, '-':operator.sub,
3.               '*':operator.mul, '/':operator.truediv}
4.      res1 = None
5.      res2 = None
6.      if tree:
7.          res1 = postordereval(tree.getLeftChild())
8.          res2 = postordereval(tree.getRightChild())
9.          if res1 and res2:
10.             return opers[tree.getRootVal()](res1, res2)
11.         else:
12.             return tree.getRootVal()
```

图 7-27　后序求值函数

```
def inorder(tree):
    if tree != None:
        inorder(tree.getLeftChild())
        print(tree.getRootVal())
        inorder(tree.getRightChild())
```

图 7-28　中序遍历函数

通过中序遍历解析树，可以还原不带括号的表达式。接下来修改中序遍历算法，以得到完全括号表达式。唯一要做的修改是：在递归调用左子树前打印一个左括号，在递归调用右子树后打印一个右括号。图 7-29 的代码是修改后的函数。

```
def printexp(tree):
    sVal = ""
    if tree:
        sVal = '(' + printexp(tree.getLeftChild())
        sVal = sVal + str(tree.getRootVal())
        sVal = sVal + printexp(tree.getRightChild()) + ')'
    return sVal
```

图 7-29　修改后的中序遍历函数能还原完全括号表达式

图 7-30 的 Python 会话展示了 printexp 和 postordereval 的用法。

```
>>> from pythonds.trees import BinaryTree
>>> x = BinaryTree('*')
>>> x.insertLeft('+')
>>> l = x.getLeftChild()
>>> l.insertLeft(4)
>>> l.insertRight(5)
>>> x.insertRight(7)
>>>
>>> print(printexp(x))
(((4) + (5)) * (7))
>>>
>>> print(postordereval(x))
63
>>>
```

图 7-30 printexp 和 postordereval 的用法。

注意，printexp 函数给每个数字都加上了括号。尽管不能算错误，但这些括号显然是多余的。在章末的练习中，请修改 printexp 函数，移除这些括号。

7.5 参考题

1. 给定一个二叉树的根节点 root，返回它节点值的前序遍历。

2. 给定一个二叉树的根节点 root，返回它的中序遍历。

3. 给定一个二叉树的根节点 root，返回它的后序遍历。

4. 给定一个二叉树，找出其最大深度，二叉树的深度为根节点到最远叶子节点的最长路径上的节点数。

5. 给定一个二叉树，找出其最小深度，最小深度是从根节点到最近叶子节点的最短路径上的节点数量。

第 8 章　图

8.1　引言

本章的主题是图。与第 7 章介绍的树相比，图是更通用的结构；事实上，可以把树看作一种特殊的图。图可以用来表示现实世界中很多有意思的事物，包括道路系统、城市之间的航班、互联网的连接，甚至是计算机专业的一系列必修课。你在本章中会看到，一旦有了很好的表示方法，就可以用一些标准的图算法来解决那些看起来非常困难的问题。

尽管我们能够轻易看懂路线图并理解其中不同地点之间的关系，但是计算机并不具备这样的能力。不过，我们也可以将路线图看成是一张图，从而使计算机帮我们做一些非常有意思的事情。用过互联网地图网站的人都知道，计算机可以帮助我们找到两地之间最短、最快、最便捷的路线。

8.2　定义

在看了图的例子之后，现在来正式地定义图及其构成。从对树的学习中，我们已经知道了一些术语。

（1）顶点

顶点又称节点，是图的基础部分。它可以有自己的名字，我们称作“键”。顶点也可以带有附加信息，我们称作“有效载荷”。

（2）边

边是图的另一个基础部分。两个顶点通过一条边相连，表示它们之间存在关系。边既可以是单向的，也可以是双向的。如果图中的所有边都是单向的，我们称之为有向图，图8-1 明显是一个有向图。

（3）权重

边可以带权重，用来表示从一个顶点到另一个顶点的成本。例如在路线图中，从一个城市到另一个城市，边的权重可以表示两个城市之间的距离。

有了上述定义之后，就可以正式地定义图。图可以用 G 来表示，并且 $G=(V,E)$。其中，V 是一个顶点集合，E 是一个边集合。每一条边是一个二元组 (v,w)，其中 $w,v \in V$。可以向边的二元组中再添加一个元素，用于表示权重。子图 s 是一个由边 e 和顶点 v 构成的集合，其中 $e \subset E$ 且 $v \subset V$。

图 8-1 展示了一个简单的带权有向图。我们可以用 6 个顶点和 9 条边的两个集合来正式地描述这个图。

$$V=\{V0,V1,V2,V3,V4,V5\}$$

$$E=\begin{Bmatrix}(v0,v1,5),(v1,v2,4),(v2,v3,9),(v3,v4,7),(v4,v0,1),\\(v0,v5,2),(v5,v4,8),(v3,v5,3),(v5,v2,1)\end{Bmatrix}$$

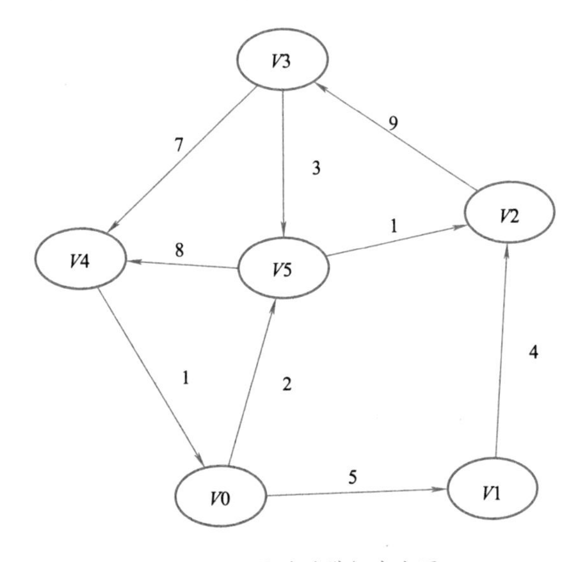

图 8-1 简单的带权有向图

图 8-1 中的例子还体现了其他两个重要的概念。

（4）路径

路径是由边连接的顶点组成的序列。路径的正式定义为 $w_1,w_2,\cdots,w_n$，其中对于所有的

$1 \leqslant i \leqslant n-1$，有 $(w_i,w_i+1) \in E$。无权重路径的长度是路径上的边数，有权重路径的长度是路径上的边的权重之和。以图 8-1 为例，从 $V3$ 到 $V1$ 的路径是顶点序列（$V3,V4,V0,V1$），相应的边是 $\{(v3,v4,7),(v4,v0,1),(v0,v1,5)\}$。

（5）环

环是有向图中的一条起点和终点为同一个顶点的路径（$V5,V2,V3,V5$）。例如，图 8-1 中的路径就是一个环。没有环的图被称为无环图，没有环的有向图被称为有向无环图，简称为 DAG。接下来会看到，DAG 能帮助我们解决很多重要的问题。

8.3 图的抽象数据类型

图的抽象数据类型由下列方法定义。

- Graph() 新建一个空图。
- addVertex(vert) 向图中添加一个顶点实例。
- addEdge(fromVert, toVert) 向图中添加一条有向边，用于连接顶点 fromVert 和 toVert。
- addEdge(fromVert, toVert, weight) 向图中添加一条带权重 weight 的有向边，用于连接顶点 fromVert 和 toVert。
- getVertex(vertKey) 在图中找到名为 vertKey 的顶点。
- getVertices() 以列表形式返回图中所有顶点。
- in 通过 vertex in graph 这样的语句，在顶点存在时返回 True，否则返回 False。

根据图的正式定义，可以通过多种方式在 Python 中实现图的抽象数据类型。你会看到，在使用不同的表达方式来实现图的抽象数据类型时，需要做很多取舍。有两种非常著名的图实现，它们分别是邻接矩阵和邻接表。本节会解释这两种图实现，并且用 Python类来实现邻接表。

8.3.1 邻接矩阵

要实现图，最简单的方式就是使用二维矩阵。在矩阵实现中，每一行和每一列都表示图中的一个顶点。第 v 行和第 w 列交叉的格子中的值表示从顶点 v 到顶点 w 的边的权重。

如果两个顶点被一条边连接起来，就称它们是相邻的。图 8-2 展示了图 8-1 对应的邻接矩阵。格子中的值表示从顶点 v 到顶点 w 的边的权重。

	V0	V1	V2	V3	V4	V5
V0		5				2
V1			4			
V2				9		
V3					7	3
V4	1					
V5			1		8	

图 8-2 邻接矩阵

邻接矩阵的优点是简单。对于小图来说，邻接矩阵可以清晰地展示哪些顶点是相连的。但是，图 8-2 中的绝大多数单元格是空的，我们称这种矩阵是“稀疏”的。对于存储稀疏数据来说，矩阵并不高效。事实上，要在 Python 中创建如图 8-2 所示的矩阵结构并不容易。

邻接矩阵适用于表示有很多条边的图。但是，“很多条边”具体是什么意思呢？要填满矩阵，共需要多少条边？由于每一行和每一列对应图中的每一个顶点，因此填满矩阵共需要 $|V|^2$ 条边。当每一个顶点都与其他所有顶点相连时，矩阵就被填满了。在现实世界中，很少有问题能够达到这种连接度。本章所探讨的问题都会用到稀疏连接的图。

8.3.2 邻接表

为了实现稀疏连接的图，更高效的方式是使用邻接表。在邻接表实现中，我们为图对象的所有顶点保存一个主列表，同时为每一个顶点对象都维护一个列表，其中记录了与它相连的顶点。在对 Vertex 类的实现中，我们使用字典（而不是列表），字典的键是顶点，值是权重。图 8-3 展示了图 8-1 所对应的邻接表。

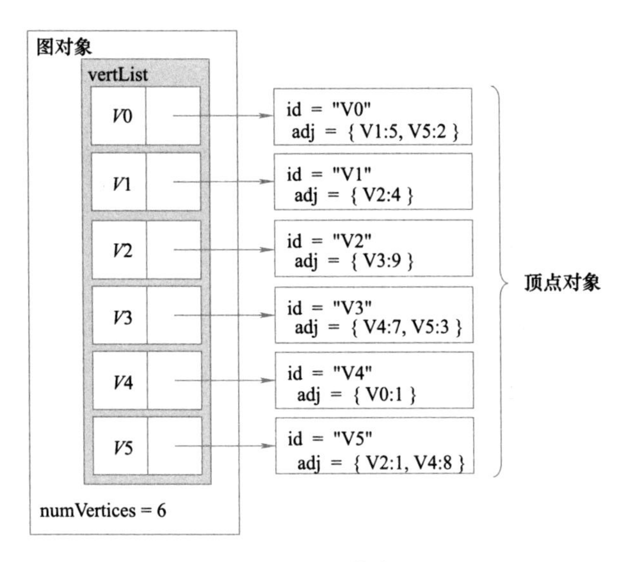

图 8-3　邻接表

邻接表的优点是能够紧凑地表示稀疏图。此外，邻接表也有助于方便地找到与某一个顶点相连的其他所有顶点。

8.3.3　实现

在 Python 中，通过字典可以轻松地实现邻接表。我们要创建两个类：Graph 类存储包含所有顶点的主列表，Vertex 类表示图中的每一个顶点。

Vertex 使用字典 connectedTo 来记录与其相连的顶点，以及每一条边的权重。图 8-4 的代码展示了 Vertex 类的实现，其构造方法简单地初始化 id（它通常是一个字符串），以及字典 connectedTo。addNeighbor 方法添加从一个顶点到另一个顶点的连接。getConnections 方法返回邻接表中的所有顶点，由 connectedTo 来表示。getWeight 方法返回从当前顶点到以参数传入的顶点之间的边的权重。

Graph 类的实现如图 8-5 代码所示，其中包含一个将顶点名映射到顶点对象的字典。在图 8-3 中，该字典对象由灰色方块表示。Graph 类也提供了向图中添加顶点和连接不同顶点的方法。getVertices 方法返回图中所有顶点的名字。此外，我们还实现了 __iter__ 方法，从而使遍历图中的所有顶点对象更加方便。总之，这两个方法使我们能够根据顶点名或者顶点对象本身遍历图中的所有顶点。

```
class Vertex:
    def __init__(self, key):
        self.id = key
        self.connectedTo = {}

    def addNeighbor(self, nbr, weight=0):
        self.connectedTo[nbr] = weight

    def __str__(self):
        return str(self.id) + ' connectedTo: '
                + str([x.id for x in self.connectedTo])

    def getConnections(self):
        return self.connectedTo.keys()

    def getId(self):
        return self.id

    def getWeight(self, nbr):
        return self.connectedTo[nbr]
```

图 8-4　Vertex 类的实现

```
class Graph:
    def __init__(self):
        self.vertList = {}
        self.numVertices = 0

    def addVertex(self, key):
        self.numVertices = self.numVertices + 1
        newVertex = Vertex(key)
        self.vertList[key] = newVertex
        return newVertex

    def getVertex(self, n):
        if n in self.vertList:
            return self.vertList[n]
```

图 8-5　Graph 类的实现

```
        else:
            return None

    def __contains__(self, n):
        return n in self.vertList

    def addEdge(self, f, t, cost=0):
        if f not in self.vertList:
            nv = self.addVertex(f)
        if t not in self.vertList:
            nv = self.addVertex(t)
        self.vertList[f].addNeighbor(self.vertList[t], cost)


    def getVertices(self):
        return self.vertList.keys()

    def __iter__(self):
        return iter(self.vertList.values())
```

图 8-5　Graph 类的实现（续）

图 8-6 所示的 Python 会话使用 Graph 类和 Vertex 类创建了如图 8-1 所示的图。首先创建 6 个顶点，依次编号为 0 ~ 5。然后打印顶点字典。注意，对每一个键，我们都创建了一个 Vertex 实例。接着，添加将顶点连接起来的边。最后，用一个嵌套循环验证图中的每一条边都已被正确存储。请按照图 8-1 的内容检查会话的最终结果。

```
>>> g = Graph()
>>> for i in range(6):
...     g.addVertex(i)
>>> g.vertList
{0: <adjGraph.Vertex instance at 0x41e18>,
 1: <adjGraph.Vertex instance at 0x7f2b0>,
 2: <adjGraph.Vertex instance at 0x7f288>,
 3: <adjGraph.Vertex instance at 0x7f350>,
 4: <adjGraph.Vertex instance at 0x7f328>,
```

图 8-6　使用 Graph 类和 Vertex 类创建图

```
  5: <adjGraph.Vertex instance at 0x7f300>}
>>> g.addEdge(0, 1, 5)
>>> g.addEdge(0, 5, 2)
>>> g.addEdge(1, 2, 4)
>>> g.addEdge(2, 3, 9)
>>> g.addEdge(3, 4, 7)
>>> g.addEdge(3, 5, 3)
>>> g.addEdge(4, 0, 1)
>>> g.addEdge(5, 4, 8)
>>> g.addEdge(5, 2, 1)
>>> for v in g:
...     for w in v.getConnections():
...         print( "( %s , %s )" % (v.getId(), w.getId()))
...
(0, 5)
(0, 1)
(1, 2)
(2, 3)
(3, 4)
(3, 5)
(4, 0)
(5, 4)
(5, 2)
```

```
>>> g = Graph()
>>> for i in range(6):
        g.addVertex(i)
>>> g.vertList
{0: <adjGraph.Vertex instance at 0x41e18>,
  1: <adjGraph.Vertex instance at 0x7f2b0>,
  2: <adjGraph.Vertex instance at 0x7f288>,
  3: <adjGraph.Vertex instance at 0x7f350>,
  4: <adjGraph.Vertex instance at 0x7f328>,
  5: <adjGraph.Vertex instance at 0x7f300>}
>>> g.addEdge(0, 1, 5)
>>> g.addEdge(0, 5, 2)
>>> g.addEdge(1, 2, 4)
>>> g.addEdge(2, 3, 9)
```

图 8-6　使用 Graph 类和 Vertex 类创建图（续）

```
>>> g.addEdge(3, 4, 7)
>>> g.addEdge(3, 5, 3)
>>> g.addEdge(4, 0, 1)
>>> g.addEdge(5, 4, 8)
>>> g.addEdge(5, 2, 1)
>>> for v in g:
        for w in v.getConnections():
            print( "( %s , %s )" % (v.getId(), w.getId()))
(0, 5)
(0, 1)
(1, 2)
(2, 3)
(3, 4)
(3, 5)
(4, 0)
(5, 4)
(5, 2)
```

图 8-6　使用 Graph 类和 Vertex 类创建图（续）

8.4　参考题

1. 你这个学期必须选修 numCourses 门课程，记为 0 到 numCourses − 1。在选修某些课程之前需要一些先修课程。先修课程按数组 prerequisites 给出，其中 prerequisites[i] = [ai, bi] 表示如果要学习课程 ai，则必须先学习课程 bi。例如，先修课程对 [0, 1] 表示：想要学习课程 0，你需要先完成课程 1。请你判断是否可能完成所有课程的学习？如果可以，返回 true；否则，返回 false。

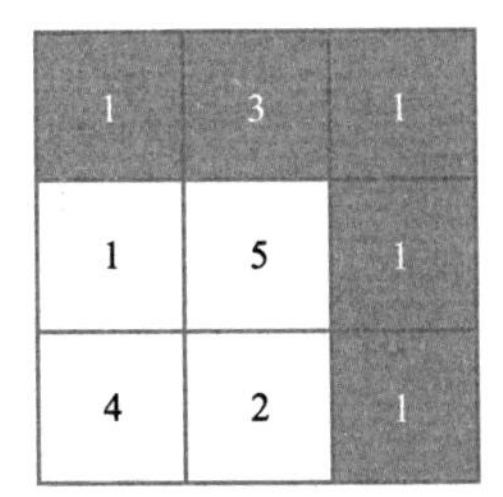

2. 给定一个包含非负整数的 m x n 网格 grid，请找出一条从左上角到右下角的路径，使得路径上的数字总和为最小。

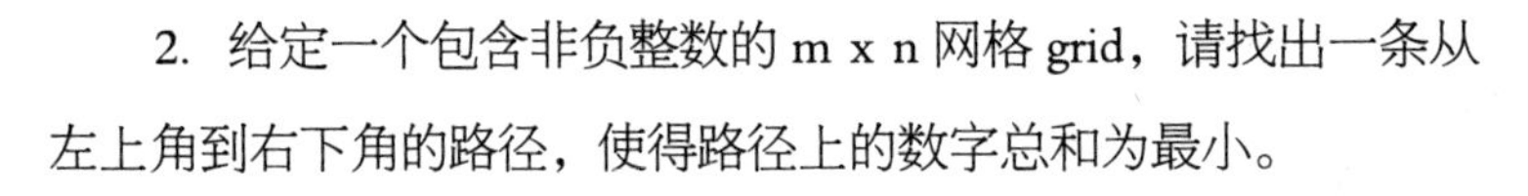

附录

参考答案

第 1 章

1. 数据是描述客观事物的符号，是计算机中可以操作的对象，是能被计算机识别，并输入给计算机处理的符号集合。

2. 数据结构。

第 2 章

1. 算法的作用：算法是解决特定问题求解步骤的描述，在计算机中表现为指令的有限序列，并且每条指令表示一个或多个操作。

数据结构与算法关系：数据结构是底层，算法是高层。数据结构为算法提供服务。算法围绕数据结构操作。

2. 输入输出、有穷性、确定性、可行性。

3. 正确性、可读性、健壮性、时间效率高和存储量低。

4. 事后统计方法和事前分析估算方法。

第 3 章

1. 线性表是由零个或多个数据元素组成的有限序列。食堂打饭时排队的队列，就是一个有序的线性表。

2. 顺序存储结构和链式存储结构。

3. 优点：存储密度大（= 1），存储空间利用率高。

缺点：插入或删除元素时不方便。

4. 优点：插入或删除元素时很方便，使用灵活。

缺点：存储密度小（<1），存储空间利用率低。

5.
```
def mergeTwoLists(self, l1, l2):
    if l1 is None:
        return l2
    elif l2 is None:
        return l1
    elif l1.val < l2.val:
        l1.next = self.mergeTwoLists(l1.next, l2)
        return l1
    else:
        l2.next = self.mergeTwoLists(l1, l2.next)
        return l2
```

第 4 章

1.

（1）操作的名称不同。队列的插入称为入队，队列的删除称为出队。栈的插入称为进栈，栈的删除称为出栈。

（2）可操作的方式不同。队列是在队尾入队，队头出队，即两边都可操作。而栈的进栈和出栈都是在栈顶进行的，无法对栈底直接进行操作。

（3）操作的方法不同。队列是先进先出（FIFO），即队列的修改是依先进先出的原则进行的。新来的成员总是加入队尾（不能从中间插入），每次离开的成员总是队列头（不允许中途离队）。而栈为后进先出（LIFO），即每次删除（出栈）的总是当前栈中最新的元素，即最后插入（进栈）的元素，而最先插入的被放在栈的底部，要到最后才能删除。

2.
```
def __init__(self):
        self.queue1 = collections.deque()
        self.queue2 = collections.deque()

def push(self, x: int) -> None:
```

```
        self.queue2.append(x)
        while self.queue1:
            self.queue2.append(self.queue1.popleft())
        self.queue1, self.queue2 = self.queue2, self.queue1

    def pop(self) -> int:
        return self.queue1.popleft()

    def top(self) -> int:
        return self.queue1[0]

    def empty(self) -> bool:

        return not self.queue1
```

3.
```
    def __init__(self):
        self.stack = []
        self.min_stack = [math.inf]

    def push(self, x: int) -> None:
        self.stack.append(x)
        self.min_stack.append(min(x, self.min_stack[-1]))

    def pop(self) -> None:
        self.stack.pop()
        self.min_stack.pop()
```

```
    def top(self) -> int:
        return self.stack[-1]

    def getMin(self) -> int:
        return self.min_stack[-1]
```

第5章

1.
```
def fib(self, n: int) -> int:
    a, b = 0, 1
    for _ in range(n):
        a, b = b, a + b
    return a % 1000000007
```

2.
```
def numWays(self, n: int) -> int:
    a, b = 1, 1
    for _ in range(n):
        a, b = b, a + b
    return a % 1000000007
```

第6章

1.
```
def intersection(self, nums1: List[int], nums2: List[int]) -> List[int]:
    set1 = set(nums1)
    set2 = set(nums2)
    return self.set_intersection(set1, set2)

def set_intersection(self, set1, set2):
    if len(set1) > len(set2):
        return self.set_intersection(set2, set1)
    return [x for x in set1 if x in set2]
```

2. def relativeSortArray(self, arr1: List[int], arr2: List[int]) -> List[int]:

```
    upper = max(arr1)
    frequency = [0] * (upper + 1)
    for x in arr1:
        frequency[x] += 1

    ans = list()
    for x in arr2:
        ans.extend([x] * frequency[x])
        frequency[x] = 0
    for x in range(upper + 1):
        if frequency[x] > 0:
            ans.extend([x] * frequency[x])
    return ans
```

3. def largestPerimeter(self, nums: List[int]) -> int:

```
    nums.sort()
    for i in range(len(nums)-1,1,-1):
        if nums[i]<nums[i-1]+nums[i-2]:
            return nums[i]+nums[i-1]+nums[i-2]
    return 0
```

第 7 章

1. def preorderTraversal(self, root: TreeNode) -> List[int]:

```
    def preorder(root: TreeNode):
        if not root:
            return
        res.append(root.val)
```

```
            preorder(root.left)
            preorder(root.right)

        res = list()
        preorder(root)
        return res
```

2. def inorderTraversal(self, root: TreeNode) -> List[int]:

```
            WHITE, GRAY = 0, 1
            res = []
            stack = [(WHITE, root)]
            while stack:
                color, node = stack.pop()
                if node is None: continue
                if color == WHITE:
                    stack.append((WHITE, node.right))
                    stack.append((GRAY, node))
                    stack.append((WHITE, node.left))
                else:
                    res.append(node.val)
            return res
```

3. def postorderTraversal(self, root: TreeNode) -> List[int]:

```
            def postorder(root: TreeNode):
                if not root:
                    return
                postorder(root.left)
                postorder(root.right)
                res.append(root.val)
```

```
        res = list()
        postorder(root)
        return res
```

4.
```
def maxDepth(self, root):
    if root is None:
        return 0
    else:
        left_height = self.maxDepth(root.left)
        right_height = self.maxDepth(root.right)
        return max(left_height, right_height) + 1
```

5.
```
def minDepth(self, root: TreeNode) -> int:
    if not root:
        return 0

    if not root.left and not root.right:
        return 1

    min_depth = 10**9
    if root.left:
        min_depth = min(self.minDepth(root.left), min_depth)
    if root.right:
        min_depth = min(self.minDepth(root.right), min_depth)

    return min_depth + 1
```

第8章

1. def canFinish(self, numCourses: int, prerequisites: List[List[int]]) -> bool:

```
    edges = collections.defaultdict(list)
    visited = [0] * numCourses
    result = list()
    valid = True

    for info in prerequisites:
        edges[info[1]].append(info[0])

    def dfs(u: int):
        nonlocal valid
        visited[u] = 1
        for v in edges[u]:
            if visited[v] == 0:
                dfs(v)
                if not valid:
                    return
            elif visited[v] == 1:
                valid = False
                return
        visited[u] = 2
        result.append(u)

    for i in range(numCourses):
        if valid and not visited[i]:
            dfs(i)
```

```
        return valid
2. def minPathSum(self, grid: List[List[int]]) -> int:
        if not grid or not grid[0]:
            return 0

        rows, columns = len(grid), len(grid[0])
        dp = [[0] * columns for _ in range(rows)]
        dp[0][0] = grid[0][0]
        for i in range(1, rows):
            dp[i][0] = dp[i - 1][0] + grid[i][0]
        for j in range(1, columns):
            dp[0][j] = dp[0][j - 1] + grid[0][j]
        for i in range(1, rows):
            for j in range(1, columns):
                dp[i][j] = min(dp[i - 1][j], dp[i][j - 1]) + grid[i][j]

        return dp[rows - 1][columns - 1]
```